大厨请到家

家常小炒

甘智荣 主编

U0340067

译林出版社

图书在版编目（CIP）数据

家常小炒 / 甘智荣主编 . —南京：译林出版社，2017.6
（大厨请到家）
ISBN 978-7-5447-6669-2

Ⅰ.①家… Ⅱ.①甘… Ⅲ.①家常菜肴－炒菜－菜谱
Ⅳ.①TS972.12

中国版本图书馆 CIP 数据核字（2016）第 241045 号

书　　名	家常小炒	
主　　编	甘智荣	
责任编辑	陆元昶	
特约编辑	王　锦	
出版发行	译林出版社	
出版社地址	南京市湖南路 1 号 A 楼，邮编：210009	
电子邮箱	yilin@yilin.com	
出版社网址	http://www.yilin.com	
印　　刷	北京天恒嘉业印刷有限公司	
开　　本	710×1000 毫米　　1/16	
印　　张	10	
字　　数	250 千字	
版　　次	2017 年 6 月第 1 版　2019 年 3 月第 2 次印刷	
书　　号	ISBN 978-7-5447-6669-2	
定　　价	29.80 元	

译林版图书若有印装错误可向承印厂调换

前言 Preface

　　家常菜是人们每天食用的常见菜式，但要炒出色香味俱全的家常菜，也不是容易的事。

　　炒菜是中国菜区别于其他菜肴的基本特征，在英文中并无"炒"的单词，而是用"油炸"的单词"fried"代替。炒菜是中国菜的基础制作方法，它是指将适量油加入特制的凹形锅内，以火传导到铁锅中的热度为载体，加入作料和一种或几种菜后，用特制工具锅铲翻动将菜炒熟的烹饪过程。

　　炒菜的起源和金属炊具的普及有着密切关系，中国青铜器时代出土有青铜炊具，但是由于其价格太高而得不到普及。在战国时代，铸铁的发明普及了农具，而后逐渐向炊具扩展。南北朝时期的《齐民要术》中详细记载了菜肴的炒制过程，并将炒菜分为生炒、熟炒、滑炒、清炒、干炒、抓炒、软炒、焦炒等。炒字前面所冠之字，就是各种炒法的基本概念。

　　生炒的基本特点是主料必须是生的，而且不挂糊和上浆；熟炒原料必须先经过水煮等方法制熟，再改刀成片、丝、丁、条等形状，而后进行炒制。熟炒的调料多用甜面酱、黄酱、酱豆腐、豆瓣辣酱等；滑炒所用的主料是生的，而且必须先经过上浆和滑油处理，然后方能与配料同炒；清炒与滑炒基本相同，不同之处是不用芡汁，而且通常只用主料而无配料，但也有放配料的；干炒又称干煸、煸炒，是指炒干主料的水分，使主料干香酥脆；抓炒是抓和炒相结合，快速地炒。将主料挂糊和过油炸透、炸焦后，再与芡汁同炒而成。挂糊的方法有两种，一种是用鸡蛋液把淀粉调成粥状糊，一种是用清水把淀粉调成粥状糊；软炒是将生的主料加工成泥蓉，用汤或水澥成液体状（有的主料本身就是液体状），再用适量的热油拌炒，成菜松软、色白似雪；焦炒是指将加工的小型原料腌渍过的油根据菜肴的不同要求，或直接炸或拍粉炸或挂糊炸，再用清汁或芡汁调味而成菜的技法。

　　无论你选择哪种炒法，家常菜追求的是鲜香和健康，本书就是要手把手地教你学会制作健康美味的家常菜。书中精选了健康素菜、美味肉类、营养禽蛋和鲜美水产类共计近百道的美味小炒，详细介绍做菜所需的材料和用量，搭配细致的步骤图，就算你是新手，也可以依照步骤做出可口的菜品来。每一道菜肴还附有小贴士及制作提示，涉及如何挑选新鲜食材、所选食材的功效、如何让菜品更美味等内容，还标明了菜品的口味、适宜人群和功效，让您可以快速检索出适合自己和家人的小炒来。心动不如行动，赶快来尝试一下吧，希望本书能给您和您的家人带去更多的美味和健康！

目录　Contents

你会炒菜吗

第一章
健康素菜

第二章
美味肉类

第三章
营养禽蛋

第四章
鲜美水产

你会炒菜吗

如何炒蔬菜更养生

　　蔬菜在烹调过程中，流失营养是不可避免的，但是如果掌握好一些技巧，就可以保存更多的营养。

炒蔬菜时要用大火快炒

　　炒蔬菜时先熬油已经成为很多人的习惯，要么不烧油锅，一烧油锅必然弄得油烟弥漫。实际上，这样做是有害的。

　　炒蔬菜时最好将油温控制在200℃以下，使蔬菜入油锅时无爆炸声，避免脂肪变性而降低营养价值，甚至产生有害物质。炒蔬菜时宜用大火快炒，这样蔬菜的营养损失少。炒的时间越长，营养损失得就越多。

哪些蔬菜在炒前要简单处理

　　白萝卜、苦瓜等带有苦涩味的蔬菜，切好之后可以加盐腌渍一下，滤出汁水再炒，苦涩的味道会明显减少。菠菜在开水中焯烫后再炒，可去苦涩味和草酸。黄花菜中含有秋水仙碱，进入人体内会被氧化成二秋水仙碱，有剧毒。因此，黄花菜要用开水烫后浸泡，除去汁水，彻底炒熟后才能吃。

蔬菜勾芡也有讲究

　　炒蔬菜时经常用到淀粉勾芡，能使汤汁浓厚，而且淀粉糊包围着蔬菜，有保护维生素C的作用。因为原料表面裹上一层淀粉，可避免蔬菜与热油直接接触，所以减少了蛋白质变性和维生素的损失。

　　蔬菜常用的勾芡方法是玻璃芡，即水要多一些，淀粉少一些，而且要用淋芡的方法，这样就不会太厚。

蔬菜不要先切后洗

　　对于很多蔬菜，人们习惯先切后洗，其实这样做并不妥。因为这样会加速蔬菜中营养素的氧化和可溶性物质的流失，使蔬菜的营养价值降低。

正确的做法：把叶片摘下来洗净后，再用刀切成片、丝或块，随即下锅。至于花菜，洗净后，只要用手将一个个绒球肉质花梗团掰开即可，不必用刀切，因为刀切时，肉质花梗团会被弄得粉碎而不成形；而肥大的主花茎则要用刀切开。

如何炒青菜

炒冷冻青菜前不用化冻，可直接放进烧热的油锅里，这样炒出来的菜更可口，维生素损失也少得多。

切青菜最好用不锈钢刀，因为维生素 C 最忌接触铁器。青菜下锅以前，用开水焯一下，可除去苦味。炒熟的青菜不能放太长时间，因为 3 小时后维生素 C 几乎全部被破坏。

炒青菜时，应用开水点菜，这样炒出来的菜才鲜嫩；若用常温水点菜，会影响其爽脆度。

炒肉的养生小常识

肉类营养丰富，味道鲜美，与不同的食材搭配烹饪有不同的养生效果。如何使肉类的营养价值得到最大限度发挥，也是烹饪时需要特别注意的。

不加蒜，营养减半

瘦肉含有丰富的维生素 B_1，但维生素 B_1 并不稳定，它在人体内停留的时间较短，会随尿液大量排出。而大蒜中含特有的蒜氨酸和蒜酶，二者接触后会产生蒜素，肉中含有的维生素 B_1 和蒜素结合就会生成稳定的蒜硫胺素，从而提高了肉中维生素 B_1 的含量。此外，蒜硫胺素还能延长维生素 B_1 在人体内的停留时间，提高其在胃肠道的吸收率和体内的利用率。因此，炒肉时加一点蒜，既可解腥去异味，又能增加菜的营养。

需要注意的是，蒜素遇热会很快失去作用，因此只可大火快炒，以免有效成分被破坏。

另外，大蒜并不是吃得越多越好，每天吃一瓣生蒜（约 5 克重）或是两三瓣熟蒜即可，多吃也无益。因为大蒜辛温、生热，食用过多会引起肝阴、肾阴不足，从而出现口干、视力下降等症状。

猪肉、猪肝宜与洋葱搭配

洋葱性味甘平，有解毒化痰、清热利尿的功效，且含有蔬菜中极少见的前列腺素。洋葱不仅甜润嫩滑，而且含有维生素 B_1、维生素 B_2、维生素 C 和钙、铁、磷及植物纤维等营养素，特别是其中的芦丁成分，具有强化血管的作用。

在日常膳食中，人们经常把洋葱与猪肉一起烹调，这是因为洋葱具有防止动脉硬化和使血栓溶解的作用，同时洋葱所含的活性成分能和猪肉中的蛋白质结合，产生令人愉悦的气味。洋葱和猪肉同炒，是理想的酸碱食物搭配，可为人体提供丰富的营养成分，具有滋阴润燥的功效。

此外，洋葱配以补肝明目、补益血气的猪肝，可为人体提供丰富的蛋白质、维生素 A 等多种营养，具有补虚损的功效，可辅助治疗夜盲症、眼花、视力减退、水肿、面色萎黄、贫血、体虚乏力、营养不良等病症。

巧炒水产海鲜

水产类食物不仅肉质细嫩，而且营养丰富，容易被人体消化吸收，但要烹制得当才能色香味俱全。

水产与葱同炒

水产腥味较重，炒制时葱几乎是不可或缺的。一般家庭常用的葱有大葱、青葱，其辛辣香味较重，应用较广，既可作辅料，又可作调味料。把它切成丝、末，增鲜之余，还可起到杀菌、消毒的作用；切段或切成其他形状，经油炸后与主料同炒，葱香味与主料的鲜味融为一体，十分诱人。青葱经过煸炒后，能更加突出葱的香味，是烹制水产时不可缺少的调味料。较嫩的青葱又称香葱，经沸油炸过后，香味扑鼻，色泽青翠，多用来撒在成菜上。

炒鳝鱼的诀窍

鳝鱼肉嫩味鲜，营养价值甚高。鳝鱼中含有丰富的 DHA 和卵磷脂，这些是构成人体各器官组织细胞膜的主要成分，而且是脑细胞不可缺少的营养。

炒鳝鱼片的时候，要用淀粉上浆，但经常会发生浆液脱落的现象，影响烹调质量。这是因为人们习惯在调浆时加盐，而盐会使鳝鱼的肉质收缩，渗出水分，这样就容易导致浆液在油锅中脱落。因此，炒鳝鱼时上浆不必加盐。

巧炒鲜贝

鲜贝又称带子，其特点是鲜嫩可口，但若炒不得法，却又很容易老。一般饭店多采用上浆油炒，效果未必理想。其实，可以将带子洗净后用毛巾吸干水分，放少许盐、蛋清及适量干淀粉拌和上浆，再放入冰箱里静置 1 小时。然后将水烧开，水量要充足，再把带子分散下锅，氽熟即可捞出，沥去水分备用。炒制时，勾芡后再放带子，稍加翻炒即成。这种做法使带子内部的水分损失少，吃起来更嫩滑。

水产与姜同炒

为了保证水产菜肴鲜美可口，烹饪时一定要将腥味除去。炒水产时加入少许姜，不但能去腥提鲜，而且还有开胃散寒、增进食欲、促进消化的功效。

姜块（片）在火工菜中起去腥的作用，而姜米则用来起香增鲜。还有一部分菜肴不便与姜同烹，又要去腥增香，用姜汁是比较适宜的。如炒鱼丸、虾丸，就适宜用姜汁来去腥味。

炒水产时烹入料酒、啤酒

炒制水产时，一般要使用一些料酒，这是因为酒能解腥生香。要使料酒的作用充分发挥，必须掌握合理的用料酒时间。以炒虾仁为例，虾仁滑熟后，料酒要先于其他调料入锅。绝大部分的炒菜、爆菜，料酒一喷入，立即爆出响声，并随之冒出一股水汽，这种用法是正确的。

烹制含脂肪较多的鱼类可加入少许啤酒，有助于脂肪溶解，使菜肴香而不腻。

炒贝类时如何避免出水

贝类本身极富鲜味，炒制时千万不要再加味精，也不宜多放盐，以免鲜味流失。以炒花蛤为例，烹饪前应将其放入淡盐水里浸泡，滴一两滴食用油，让花蛤吐尽泥沙。炒花蛤前最好先氽水，这样炒出来就不会有很多汤水了，也比较容易入味。氽水的时候应注意，花蛤张开口就要马上捞出来，煮太久肉会收缩变老。花蛤下锅炒时动作要快，迅速翻炒匀就可以出锅，炒久了肉会变老，影响口感。

第一章

健康素菜

素菜通常是指用蔬菜、豆制品、菌类、菇类和干鲜果等植物原料烹制的菜肴，它们含有丰富的维生素、蛋白质以及少量的脂肪和糖类，营养丰富而又清爽鲜嫩。在崇尚健康养生的现代社会，素菜小炒更受欢迎。

素炒三丝

　　黄豆芽富含蛋白质、维生素、粗纤维、胡萝卜素、钙、磷、铁等营养素。其所含的维生素 C 能营养毛发，使头发保持乌黑光亮，对面部雀斑有较好的淡化作用。其所含的维生素 E 能保护皮肤和毛细血管，防止动脉硬化，防治老年高血压。

材料

香干	50 克	盐	3 克
黄豆芽	30 克	蚝油	5 毫升
青椒	100 克	料酒	3 毫升
蒜末	3 克	淀粉	适量
葱白	5 克	食用油	适量
姜片	3 克	干辣椒	适量

香干　　　黄豆芽　　　青椒　　　蒜

小贴士

烹调黄豆芽时不可加碱，要加少量醋，这样才能保持其 B 族维生素不减少。烹调要迅速，或用油急速快炒，或用沸水略氽后立刻取出调味食用。

制作提示

黄豆芽下锅后，宜适量加一些醋，这样可减少维生素 C 和维生素 B_2 的流失。

做法演示

1. 将洗好的香干切丝。

2. 再把洗净的青椒去蒂和籽，切成丝。

3. 锅中注入适量食用油，烧至七成热。

4. 倒入蒜末、葱白、姜片、干辣椒爆香。

5. 倒入青椒丝、香干拌炒匀。

6. 倒入洗好的黄豆芽。

7. 加入盐、蚝油、料酒，翻炒 1 分钟至熟。

8. 用淀粉加水勾一层薄芡。

9. 出锅装盘即可。

🔺 口味 清淡　　◎ 人群 儿童　　🍲 功效 清热解毒

蒜蓉炒菜心

　　菜心富含钙、铁、胡萝卜素和维生素 C，对抵御皮肤过度角质化大有裨益，可促进血液循环、散血消肿。菜心还含有能促进眼睛视紫质合成的物质，能明目，还能清热解毒、润肠通便。常食菜心，可以改善身体功能，提高抗病能力。

菜心	400 克	白糖	3 克
蒜蓉	15 克	淀粉	适量
盐	适量	料酒	适量
味精	3 克	食用油	适量

菜心　　　　蒜　　　　白糖　　　　料酒

📝 小贴士

有的菜心看起来鲜绿，但菜梗里已经空心了，这样的菜心有些老了。鲜嫩的菜心一碰就断，如果是老菜心，就不易掐断。用嫩菜心炒出来的菜味道会更好。

❗ 制作提示

菜心入锅后不可炒太久，否则炒出太多水就会影响其外观和口感。

📷 做法演示

1. 将洗净的菜心修整齐。

2. 锅中加水烧开，加适量食用油、盐，放入菜心，拌匀。

3. 焯至断生后捞出。

4. 另起锅，注入适量食用油，烧热后倒入蒜蓉爆香。

5. 倒入菜心，拌炒均匀。

6. 加入适量盐、味精、白糖、料酒炒匀调味。

7. 再用少许淀粉加水勾芡。

8. 拌炒均匀使其入味。

9. 将炒好的菜心盛出装盘，浇上原汤汁即可。

彩椒炒榨菜

　　榨菜富含人体必需的蛋白质、胡萝卜素、膳食纤维、矿物质等营养素，具有健脾开胃、提神的功效。饮酒过量时，吃一点榨菜可以缓解醉酒造成的头昏、胸闷和烦躁感。由于榨菜含盐量高，注意不要一次食用过多。

小贴士

为保证榨菜新鲜爽口，应用塑料袋或瓶装将其包装好，并封口冷藏；食用榨菜不可过量，因榨菜含盐量高，过多食用可使人血压升高，加重心脏负担。

制作提示

烹饪此菜时，应适当减少盐的分量，因为榨菜本身就比较咸。

做法演示

1. 将洗净的彩椒切丝。

2. 热锅注入少许食用油，倒入蒜末炸香。

3. 再倒入彩椒炒香。

4. 倒入榨菜丝炒匀。

5. 再倒入准备好的红椒丝拌炒片刻。

6. 加少许盐炒匀。

7. 再用少许淀粉加水勾芡。

8. 拌炒均匀。

9. 盛入盘中即可。

🔺 口味 清淡　　☺ 人群 糖尿病患者　　🖐 功效 降压降糖

清炒莴笋丝

　　莴笋中碳水化合物的含量较低，而无机盐、维生素的含量较丰富，尤其是含有较多的烟酸。烟酸是胰岛素的激活剂，糖尿病患者经常食用莴笋，可改善糖的代谢功能，有助于辅助治疗糖尿病。此外，莴笋味道清淡，非常适合老年人食用。

材料

莴笋	300 克	白糖	3 克
姜丝	5 克	味精	2 克
蒜末	5 克	淀粉	适量
食用油	适量	胡萝卜丝	适量
盐	3 克	葱段	适量

莴笋	姜	蒜	胡萝卜

小贴士

选购莴笋时，以叶绿、根茎粗壮、无腐烂疤痕的为佳；将莴笋的叶和根都去掉，在自来水的冲淋下，莴笋的皮就很容易削下来了。

制作提示

炒莴笋时应少放点盐，如果盐放得过多，莴笋丧失水分，会影响成菜口感。

做法演示

1. 将去皮洗净的莴笋切片，再切成丝。

2. 锅上火，入食用油烧热，倒入蒜末、胡萝卜丝、姜丝爆香。

3. 再倒入莴笋约炒 1 分钟至熟。

4. 加入盐、味精、白糖调味。

5. 用少许淀粉加水勾芡。

6. 淋入少许熟油。

7. 撒入葱段炒匀。

8. 将炒熟的莴笋丝盛入盘内。

9. 即可食用。

口味 清淡　　人群 孕产妇　　功效 清热解毒

素炒冬瓜

　　冬瓜含有丰富的蛋白质、碳水化合物、维生素 A、维生素 C 及钙、铁、镁、磷、钾等营养素，具有润肺生津、化痰止渴、利尿消肿、清热祛暑、解毒的功效。冬瓜中的膳食纤维含量很高，能刺激肠道蠕动，快速排出肠道里积存的致癌物质。

材料

冬瓜	500 克		盐	3 克
蒜末	5 克		鸡精	2 克
姜片	5 克		淀粉	10 克
葱段	5 克		食用油	适量

冬瓜　　　　蒜　　　　姜　　　　葱

小贴士

冬瓜和鸡肉同时食用，对身体有清热利尿、美容养颜的作用；选购冬瓜时可用指甲掐一下，皮较硬、肉质脆嫩的冬瓜炒出来口感更好。

制作提示

冬瓜入锅后不宜炒制过久，否则冬瓜就会变得过软，影响菜品的口感。

做法演示

1. 冬瓜去皮洗净，切段，再改切成片。

2. 炒锅注入适量食用油，烧热，倒入姜片、蒜末爆香。

3. 倒入冬瓜，炒匀。

4. 加入少许清水炒约 1 分钟至熟软。

5. 加入盐、鸡精炒匀调味。

6. 用少许淀粉加水勾芡，快速拌炒均匀。

7. 撒入葱段。

8. 快速拌炒均匀。

9. 起锅，将炒好的冬瓜盛入盘中即可。

丝瓜炒油条

丝瓜营养价值高，是美味的家常菜肴。它富含蛋白质、碳水化合物、粗纤维、维生素等营养素。其所含的维生素 B_1 和维生素 C 具有消除雀斑、祛除皱纹和增白的作用，是不可多得的美容佳品。

📋 材料

丝瓜	500 克	味精	2 克
油条	70 克	鸡精	2 克
姜片	5 克	淀粉	10 克
蒜末	5 克	蚝油	10 毫升
葱白	5 克	食用油	适量
盐	3 克	胡萝卜丝	适量

丝瓜　　　油条　　　姜　　　　葱

✏️ 小贴士

　　丝瓜汁水丰富，宜现切现做，以免营养成分流失；月经不调者，以及身体疲乏、痰喘咳嗽、产后乳汁不通的女性适宜多吃丝瓜。

❗ 制作提示

　　丝瓜的味道清甜，烹煮时不宜加酱油和豆瓣酱等口味较重的酱料，以免抢味。

📹 做法演示

1. 将洗净的丝瓜去皮，切成块。

2. 油条切成长短均匀的段。

3. 锅中入食用油烧热，入姜片、蒜末、葱白、胡萝卜丝爆香。

4. 倒入丝瓜炒匀。

5. 加入少许清水，翻炒片刻。

6. 加入盐、味精、鸡精、蚝油。

7. 倒入油条，加少许清水炒 1 分钟至油条熟软。

8. 用少许淀粉加水勾芡。

9. 再淋入少许熟油炒匀，起锅，盛出装盘即可。

冬笋炒豇豆

　　冬笋含蛋白质、多种氨基酸、维生素，以及钙、磷、铁等营养素，还含有丰富的纤维素，能促进肠道蠕动，既有助于消化，又能预防便秘发生。冬笋是一种高蛋白、低淀粉类食物，对肥胖症、冠心病、高血压、糖尿病和动脉硬化等症有一定的食疗作用。它所含的多糖物质，具有一定的抗癌作用。

材料

冬笋	100 克	料酒	5 毫升
豇豆	150 克	盐	3 克
红椒片	15 克	味精	2 克
姜片	5 克	淀粉	适量
蒜末	5 克	食用油	适量
葱段	5 克		

冬笋　　　豇豆　　　红椒　　　姜

做法演示

1. 将冬笋洗净，切条。

2. 将豇豆去蒂、摘除豆筋，洗净切段。

3. 油锅烧热后倒入豇豆，滑炒1分钟，沥干油备用。

4. 锅留底油，倒入蒜末、姜片、葱段炒香。

5. 倒入冬笋炒匀。

6. 加入豇豆和红椒片。

7. 倒少许清水，淋入料酒。

8. 加盐、味精炒入味。

9. 用少许淀粉加水勾芡，装盘即可。

青豆炒雪菜

　　青豆含有蛋白质和纤维素，并能提供多种维生素与矿物质，它还含有不饱和脂肪酸和大豆磷脂，有保持血管弹性、健脑和防止脂肪肝形成的作用。常吃青豆能延缓衰老，还能起到消炎、抗菌的功效。

材料

雪菜	300 克
青豆	100 克
红椒	10 克
蒜末	5 克
盐	适量
食用油	适量

小贴士

将雪菜用清水洗净，削去根部、去掉黄叶后，用保鲜膜封好置于冰箱中，可保存 1 周左右。

制作提示

青豆放入热水中焯熟，捞出后应立即淋凉水，这样可使青豆保持鲜绿的色泽。

做法演示

1. 红椒洗净，先切成细丝，再改切成小粒。

2. 锅中倒入 1500 毫升水烧开，加入适量盐，放入雪菜焯熟捞出。

3. 将焯熟后的雪菜沥干，切成小段备用。

4. 将青豆倒入煮沸的热水中，煮 1 分钟左右至熟，捞出沥干水分，备用。

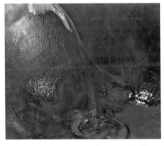

5. 锅置大火上，注入适量食用油烧至七成热。

6. 再倒入蒜末爆香。

7. 放入雪菜略炒，再倒入青豆拌炒均匀。

8. 加入适量盐调味。

9. 放入红椒粒拌炒均匀，出锅装盘即可。

菠萝百合炒苦瓜

　　苦瓜富含蛋白质、碳水化合物，还含有丰富的维生素及矿物质。经常食用苦瓜，能解疲乏、清热祛暑、明目解毒、益气壮阳、降压降糖。苦瓜也非常适合中老年人食用，可以预防和辅助治疗高血压、糖尿病等症。

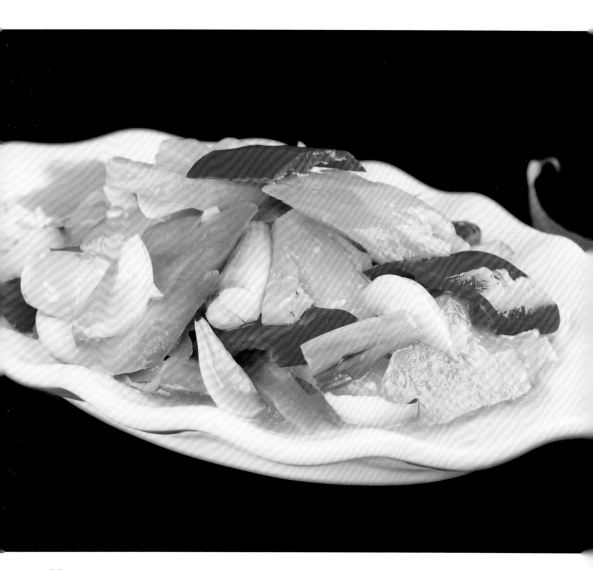

材料

苦瓜	200 克	盐	3 克
菠萝肉	100 克	鸡精	2 克
红椒片	20 克	白糖	1 克
百合	20 克	淀粉	适量
蒜末	3 克	食用油	适量
葱白	5 克		

苦瓜　　　菠萝　　　红椒　　　蒜

小贴士

菠萝果肉中所含的菠萝朊酶是导致"菠萝中毒"的主要成分，用盐水浸泡菠萝后，能够有效破坏菠萝朊酶，从而让其失去使人过敏的能力。

制作提示

处理苦瓜时，注意要将瓜瓤和白色部分都去除干净，否则会影响口感。

做法演示

1. 将菠萝肉洗净，切片。

2. 将苦瓜洗净，切片。

3. 取炖盅，加入少许食用油。

4. 倒入苦瓜，拌匀，盖上盅盖，加热约 3 分钟。

5. 揭开锅盖，倒入红椒片、菠萝片、百合，用筷子拌匀。

6. 加入鸡精、盐、白糖拌匀调味，盖上盅盖。

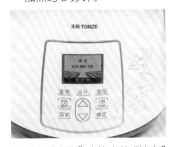

7. 选择"家常"功能中的"快煮"模式，煮约 10 分钟至熟透。

8. 揭盖，用少许淀粉加水勾芡。

9. 倒入蒜末、葱白，搅拌均匀，盛入盘中即可。

彩椒炒玉米

　　玉米含蛋白质、脂肪、糖类、胡萝卜素、维生素和多种矿物质，有开胃益智、宁心活血、调理中气等功效，还能降低血脂、延缓人体衰老、预防脑功能退化、增强记忆力。玉米中的谷胱甘肽还具有一定的预防癌症的作用。

材料

鲜玉米粒	100 克	淀粉	10 克
彩椒	50 克	味精	2 克
青椒	20 克	鸡精	2 克
姜片	5 克	盐	适量
蒜末	5 克	食用油	适量
葱白	5 克	香油	适量

玉米粒　　　彩椒　　　　青椒　　　　姜

小贴士

玉米含有维生素 A 和维生素 E 及谷氨酸等，常吃玉米能够起到抗衰老作用；玉米须具有较强的利尿功能，对泌尿系统感染、水肿等症有治疗作用。

制作提示

炒玉米时，时间不能太长，否则会影响玉米的鲜甜度，也会导致玉米营养成分的流失。

做法演示

1. 将洗净的彩椒、青椒切开，去籽，切瓣，再改切成丁。

2. 锅中加约 800 毫升清水烧开，加适量盐、食用油拌匀。

3. 倒入玉米粒，略煮。

4. 倒入切好的彩椒和青椒，煮沸后捞出备用。

5. 油锅烧热，倒入姜片、蒜末、葱白爆香。

6. 倒入焯水后的彩椒、青椒和玉米粒炒匀。

7. 加入适量盐、鸡精、味精，炒匀调味。

8. 用少许淀粉加水勾芡。

9. 淋入少许香油，翻炒均匀至入味，盛出装盘即可。

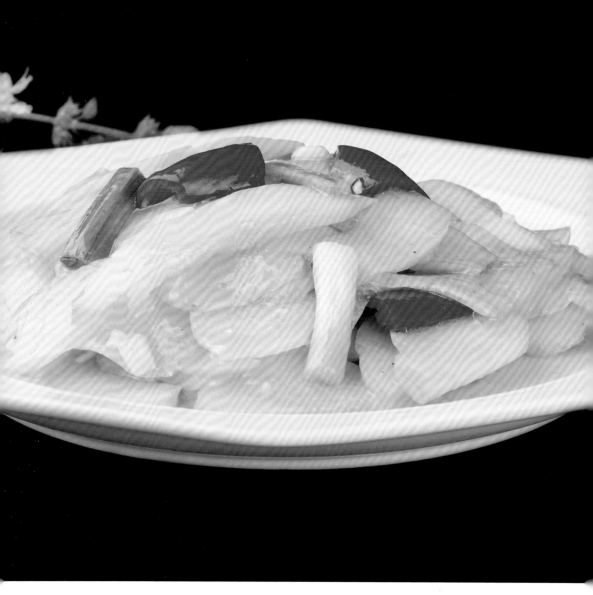

口味 清淡　人群 老年人　功效 降血压

清炒佛手瓜

　　佛手瓜中蛋白质和钙的含量是黄瓜的 2~3 倍，维生素和矿物质含量也显著高于其他瓜类，并且热量很低，又是低钠食品，是心脏病、高血压患者的保健蔬菜。经常吃佛手瓜可利尿排钠，还有扩张血管、降低血压之功能。

材料

佛手瓜	200 克		白糖	2 克	
红椒片	25 克		蒜末	3 克	
盐	适量		葱白	5 克	
味精	3 克		淀粉	适量	
食用油	适量				

佛手瓜

红椒

蒜

葱白

小贴士

佛手瓜食用时最好选择幼果，以果肩部位有光泽及果皮表面纵沟较浅，果皮鲜绿色、细嫩、未硬化者为佳。这样的佛手瓜炒制出来口感会更加脆嫩。

制作提示

佛手瓜制作时容易出现发黑的现象，余水的时候可以放一点食用油，能防止瓜肉变黑。

做法演示

1. 佛手瓜洗净，切片。

2. 锅中加清水烧开，加适量食用油和盐。

3. 放入佛手瓜焯至断生，捞出。

4. 油锅烧热，倒入蒜末、葱白、红椒片爆香。

5. 倒入佛手瓜，翻炒均匀。

6. 加适量盐、味精、白糖炒1分钟至熟透。

7. 用少许淀粉加水勾芡。

8. 翻炒均匀。

9. 盛出装盘即可。

紫苏炒三丁

土豆中含有丰富的维生素 A、维生素 C 以及矿物质，能健脾和胃、益气调中、通利大便，对脾胃虚弱、消化不良、肠胃不和、大便不畅等症有一定的食疗作用。常吃土豆能够改善肠胃功能；土豆和胡萝卜、黄瓜搭配，还具有提神醒脑的功效。

材料

土豆	150 克	葱白	5 克
黄瓜	100 克	盐	4 克
胡萝卜	100 克	鸡精	1 克
紫苏叶	30 克	蚝油	5 毫升
蒜末	3 克	淀粉	适量
姜片	3 克	食用油	适量

土豆　　　黄瓜　　　胡萝卜　　紫苏叶

做法演示

1. 将胡萝卜洗净去皮，切丁。

2. 将土豆洗净去皮，切丁。

3. 将黄瓜洗净，切丁。

4. 将紫苏叶洗净，切碎。

5. 锅中加水烧开，放入胡萝卜、土豆、黄瓜，焯熟后捞出。

6. 油锅烧热，倒入蒜末、姜片、葱白爆香。

7. 加入胡萝卜、土豆和黄瓜，炒出香味。

8. 加盐、鸡精、蚝油调味，翻炒均匀。

9. 再放入紫苏叶，用少许淀粉加水勾芡，淋入熟油即可。

滑子菇炒上海青

　　滑子菇含有粗蛋白、脂肪、碳水化合物、粗纤维、钙、磷、铁、B族维生素、维生素C、氨基酸等营养成分，味道鲜美，营养丰富。此外，附着在其菌伞表面的黏性物质是一种核酸，对保持人体的精力和脑力大有益处，并且还有抑制肿瘤的作用。

📥 材料

上海青	150 克
滑子菇	30 克
盐	3 克
鸡精	2 克
淀粉	适量
蒜油	适量
食用油	适量

✏️ 小贴士

　　选购上海青时，以颜色嫩绿、新鲜肥美、叶片有韧性的为佳。在常温情况下，上海青可保鲜 1~2 天，放入冰箱可保鲜 3 天左右。

❗ 制作提示

　　上海青与滑子菇都焯过水，因此炒制的时间就不用过长，以免营养流失和影响口感。

👨‍🍳 做法演示

1. 锅中倒入适量清水烧开，加少许盐、食用油。

2. 倒入洗好的上海青焯 1 分钟，捞出。

3. 倒入洗好的滑子菇焯 1 分钟，捞出。

4. 热锅置火上，注入食用油烧热，倒入焯过水的上海青。

5. 然后放入焯过水的滑子菇，翻炒至熟。

6. 加盐、鸡精，炒匀调味。

7. 用淀粉加水勾芡。

8. 淋入少许蒜油拌炒匀。

9. 盛出装盘，淋入原汁即可。

清炒芦笋

芦笋有鲜美芳香的风味，其富含蛋白质、氨基酸、无机盐等营养素。经常食用芦笋，可以补充人体所需的氨基酸、无机盐等物质，还对心脏病、高血压、水肿等病症有一定的辅助治疗作用。

📋 材料

芦笋	150 克
盐	3 克
淀粉	10 克
味精	1 克
白糖	2 克
料酒	3 毫升
食用油	适量

📝 小贴士

芦笋质地鲜嫩，风味鲜美，柔嫩可口，烹调时切成薄片，炒、煮、炖、凉拌均可。芦笋切好后，可先用清水浸泡，以去除其苦味。

⚠️ 制作提示

芦笋中的叶酸很容易被破坏，所以应避免高温长时间烹煮。

🥘 做法演示

1. 把洗净的芦笋去皮，切成 3 厘米长的段。

2. 锅中加水烧开，加少许食用油，倒入切好的芦笋。

3. 煮沸后捞出，备用。

4. 油锅烧热，倒入焯水后的芦笋，炒匀。

5. 淋入料酒炒香。

6. 加入适量盐、味精、白糖炒匀调味。

7. 用少许淀粉加水勾芡。

8. 继续在锅中翻炒匀至熟透。

9. 盛出装盘即可。

口味 清淡　　人群 一般人群　　功效 保肝护肾

韭菜炒豆腐

韭菜营养价值较高，其主要营养成分包括维生素 B_1、维生素 B_2、维生素 C、胡萝卜素及矿物质等，有补肾温阳、益肝健胃等功效。韭菜还富含纤维素，能促进肠道蠕动，可以防治便秘。

材料

韭菜	150 克		味精	1 克
胡萝卜	30 克		白糖	3 克
豆腐	200 克		食用油	适量
盐	适量		淀粉	适量

韭菜

胡萝卜

豆腐

白糖

小贴士

购买胡萝卜时，以体形圆直、表皮光滑、色泽橙红、无须根的为佳。胡萝卜用保鲜膜封好，置于冰箱中可保存2周左右。

制作提示

韭菜炒的时间不宜过长，以免影响口感，加入韭菜之后，翻炒儿下就可以调味出锅。

做法演示

1. 豆腐切块。

2. 胡萝卜去皮洗净切片。

3. 韭菜洗净切段。

4. 热锅注入食用油，烧至五六成热时，倒入豆腐块。

5. 煎约1分钟至金黄色，捞出。

6. 起油锅，倒入韭菜和胡萝卜片，翻炒至熟。

7. 加盐、味精、白糖调味。

8. 用少许淀粉加水勾芡，淋入热油拌匀。

9. 出锅装盘即可。

黄花菜炒木耳

　　黄花菜味鲜质嫩，营养丰富，含有蛋白质、维生素C、胡萝卜素、氨基酸等人体必需的营养素，其所含的胡萝卜素超过西红柿的几倍，有清热、利湿、消食、明目、安神等功效，可作为病后或产后的调补品。黄花菜还有利尿降压作用，高血压、肾炎患者常吃非常有益。

黄花菜	100 克	盐	适量
黑木耳	100 克	味精	1 克
葱段	10 克	鸡精	1 克
姜片	3 克	蚝油	5 毫升
蒜末	3 克	料酒	5 毫升
红椒片	10 克	淀粉	适量
葱白	5 克	食用油	适量

小贴士

常吃黄花菜还能滋润皮肤，增强皮肤的韧性和弹力，可使皮肤细嫩饱满、润滑柔软。黄花菜属于湿热食物，哮喘病患者不宜食用。

制作提示

黄花菜宜用温水发制，若用冷水发制，其香味会较淡，影响菜的口感。

做法演示

1. 将泡发的黄花菜洗净，择去蒂结。

2. 将洗净择好的黑木耳切小块。

3. 锅中入水烧开，加盐、食用油，倒入黑木耳、黄花菜焯烫。

4. 煮沸后捞出。

5. 油锅烧热，倒入蒜末、姜片、红椒片、葱白爆香。

6. 倒入黑木耳、黄花菜翻炒匀。

7. 加入适量盐、料酒、味精、鸡精、蚝油，炒至入味。

8. 用少许淀粉加水勾芡，撒入葱段，淋入熟油拌匀。

9. 盛入盘内即可。

口味 清淡　　人群 一般人群　　功效 清热解毒

千张丝炒韭菜

　　千张皮含有丰富的蛋白质、氨基酸、维生素以及铁、钙、钼等人体必需的多种营养素，有清热润肺、止咳化痰、养胃、解毒、止汗等功效，还可以提高人体的免疫能力，促进身体和智力的发展。

千张皮	300 克	鸡精	2 克
韭菜	200 克	蚝油	5 毫升
洋葱丝	30 克	淀粉	适量
红椒丝	15 克	食用油	适量
盐	3 克		

韭菜　　　洋葱　　　红椒　　　盐

✍ 小贴士

　　选购洋葱时，以葱头肥大、外皮有光泽、不烂、无机械伤和泥土，经贮藏后，不松软、不抽苔、鳞片紧密、含水量少、辛辣和甜味浓的为佳。

❗ 制作提示

　　千张皮可放入清水中浸泡，这样能避免发黄。千张皮入锅炒制的时间不宜太久。

👏 做法演示

1. 将洗净的韭菜切成约 4 厘米长的段。

2. 将洗好的千张皮切丝。

3. 锅中注水烧开，倒入千张丝，焯煮约 1 分钟至熟。

4. 捞出焯好的千张丝。

5. 另起锅，注油烧热，倒入红椒丝、洋葱丝。

6. 再倒入韭菜炒约 1 分钟，倒入千张丝炒匀。

7. 加入盐、鸡精、蚝油，炒匀。

8. 用少许淀粉加水勾芡。

9. 拌炒均匀，盛入盘中即可。

口蘑炒鲜蚕豆

蚕豆富含蛋白质、多种维生素、胆石碱以及钙、锌、锰等营养素，可以增强记忆力、延缓动脉硬化、降低胆固醇、促进肠蠕动，还有利于骨骼对钙的吸收，从而促进人体骨骼的生长发育，非常适合儿童及青少年食用。

材料

蚕豆	100 克	料酒	3 毫升
胡萝卜丁	150 克	姜片	3 克
口蘑	40 克	蒜末	3 克
盐	适量	葱白	5 克
味精	3 克	食用油	适量
淀粉	10 克		

蚕豆　　　胡萝卜　　口蘑　　　蒜

小贴士

豆类含有过敏因子，所以有人吃了蚕豆会发生过敏现象。如果因吃蚕豆发生过过敏现象者，一定不要再吃蚕豆或其制品。

制作提示

煮蚕豆的时候，加点盐和食用油，可以使蚕豆颜色更鲜亮，成菜更美观。

做法演示

1. 将口蘑洗净，切小块。

2. 锅中入水烧开，加盐、食用油，倒入蚕豆，煮约 2 分钟。

3. 捞出煮好的蚕豆，剥去外壳。

4. 原锅倒入胡萝卜丁，煮沸，加入口蘑，煮片刻至熟捞出。

5. 油锅烧热，倒入姜片、蒜末、葱白爆香。

6. 然后倒入胡萝卜丁、口蘑、蚕豆炒匀。

7. 淋入料酒，加适量盐、味精炒匀。

8. 用少许淀粉加水勾芡。

9. 翻炒匀至完全入味，盛出装盘即可。

🔺 口味 辣　　😊 人群 一般人群　　🍲 功效 开胃消食

青椒炒藕丝

　　莲藕中富含淀粉、蛋白质、脂肪、碳水化合物、粗纤维、维生素 C 及多种矿物质等营养素，常吃可以补充身体所需的多种营养。莲藕还能健脾开胃、益血补心，因此非常适合便秘、缺铁性贫血患者食用。

材料

莲藕	200 克	味精	1 克
青椒	20 克	白糖	2 克
红椒	10 克	白醋	5 毫升
盐	2 克	淀粉	适量
蒜末	3 克	食用油	适量

莲藕　　　青椒　　　红椒　　　白糖

小贴士

莲藕含丰富的丹宁酸，具有收缩血管和止血的作用。因此，瘀血、尿血、便血患者以及孕妇、白血病患者比较适合食用莲藕，具有很好的调养作用。

制作提示

切好的莲藕放入清水中浸泡时，可适量加入一些白醋，能防止莲藕氧化变黑。

做法演示

1. 莲藕洗净去皮，切粗丝，放入有白醋的清水中浸泡片刻。

2. 青椒、红椒洗净切成细丝。

3. 莲藕用开水焯煮片刻，捞出。

4. 另起锅，注入食用油烧热，倒入蒜末爆香。

5. 倒入莲藕丝，翻炒1分钟至熟。

6. 加盐、味精、白糖炒匀调味。

7. 倒入青椒丝、红椒丝。

8. 炒熟，用少许淀粉加水勾芡。

9. 翻炒均匀，装盘即可。

芹菜炒千张丝

　　千张营养丰富，蛋白质、氨基酸含量都很高，还含有铁、钼等人体必需的多种营养素。儿童食用千张，能提高免疫能力，促进身体和智力的发展；老年人经常食用千张，可延年益寿；产妇食用千张，能加快身体恢复，还能增加奶水。

材料

芹菜	50 克	生抽	3 毫升
千张	200 克	味精	1 克
青椒	15 克	鸡精	1 克
红椒	15 克	食用油	适量
盐	2 克		

芹菜　　千张　　青椒　　红椒

做法

1. 把洗净的千张、青椒、红椒分别切成条。
2. 芹菜洗净，切成约 4 厘米长的小段。
3. 锅中注水烧热，倒入千张，煮约 1 分钟后捞出。
4. 炒锅热油，倒入青椒、红椒炒香。
5. 倒入芹菜，拌炒片刻，加入千张丝。
6. 加入盐、味精、鸡精、生抽。
7. 炒约 1 分钟至入味。
8. 盛入盘中即可。

第二章

美味肉类

　　能较快补充人体能量的食物是肉类，为人体提供养分最多的食物也是肉类。它们与不同的食材搭配，会产生不同的食疗效果。肉类对于人类来说，是非常重要的家常食材之一，但是荤素搭配必须得当，才能充分发挥肉类的营养功效，同时维持人体内部的营养平衡。

口味 鲜　　人群 一般人群　　功效 开胃消食

京葱爆羊里脊

　　羊里脊是紧靠脊骨后侧的小长条肉，纤维细长，质地软嫩，容易消化，且富含高蛋白和磷脂，但脂肪含量低。冬季常吃羊肉，不仅可以增加人体热量，抵御寒冷，而且还能增加消化酶，保护胃壁，修复胃黏膜，帮助脾胃消化，起到开胃消食的作用。

📋 材料

羊里脊	150 克	料酒	5 毫升
青椒片	20 克	蚝油	10 毫升
红椒片	20 克	盐	适量
葱段	60 克	味精	1 克
蒜末	3 克	淀粉	适量
姜片	2 克	食用油	适量

羊里脊　　　青椒　　　红椒　　　蒜

😋 做法演示

1. 羊里脊洗净，切片。

2. 羊里脊加适量盐、淀粉、食用油拌匀，腌渍 10 分钟。

3. 热锅注油，烧至四五成热，倒入羊里脊，滑油片刻后捞出。

4. 锅留底油，加入蒜末、姜片、青椒片、红椒片爆香。

5. 然后再倒入葱段。

6. 将所有材料拌炒均匀。

7. 倒入羊里脊，加适量盐、料酒、蚝油、味精翻炒至熟。

8. 用少许淀粉加水勾芡，淋入熟油。

9. 快速炒匀，盛入盘内即可。

炒羊肉

　　西红柿含有丰富的胡萝卜素、维生素 C 和 B 族维生素。此外，西红柿中的番茄红素含量也很丰富，它能在肌肤表层形成一道天然屏障，有效阻止外界紫外线、辐射对肌肤的伤害，并可促进血液中胶原蛋白和弹性蛋白的结合，使肌肤充满弹性。

📋 材料

羊肉	350 克	生抽	5 毫升
西红柿碎	50 克	味精	1 克
洋葱片	100 克	盐	适量
胡萝卜片	100 克	料酒	适量
姜片	15 克	淀粉	5 克
蒜末	15 克	白糖	3 克
葱段	15 克	番茄酱	适量
香菜段	10 克	食用油	适量

✒️ 小贴士

烧制羊肉时，加入葱、姜、料酒可以很好地去除羊肉的膻味；未成熟的西红柿中含有大量番茄碱，它是一种对人体有害的有毒物质，不可食用。

❗ 制作提示

先在西红柿的表皮划几处花刀，再放入沸水锅中煮一会儿，过凉水后很容易去皮。

🍳 做法演示

1. 将羊肉洗净，切片。

2. 加适量盐、生抽、料酒、淀粉、食用油拌匀，腌渍 10 分钟。

3. 炒锅热油，放入姜片、蒜末和葱段炒香。

4. 再倒入洋葱片、胡萝卜片、羊肉片炒匀。

5. 淋入少许料酒，注入少许水，翻炒片刻。

6. 倒入西红柿碎，烩煮 1 分钟至熟透。

7. 加适量盐、味精、白糖调味。

8. 再倒入番茄酱炒匀。

9. 起锅盛入盘中，摆上香菜段即可。

酱炮羊肉

　　红椒中含有丰富的胡萝卜素、维生素 A 以及维生素 C 等营养素，其所含的维生素 A、维生素 C 能中和体内的有害氧分子自由基，有益于人体健康。常吃红椒具有御寒、增强食欲、杀菌的功效。

材料

羊肉	400 克	盐	适量
青椒片	60 克	味精	1 克
红椒片	60 克	白糖	3 克
姜片	25 克	蚝油	10 毫升
蒜梗	10 克	柱候酱	适量
蒜叶	10 克	辣椒酱	适量
生抽	5 毫升	淀粉	适量
料酒	适量	食用油	适量

小贴士

羊肉不宜与南瓜同食，以防发生黄疸和脚气病。吃羊肉时要搭配凉性和平性的蔬菜，能起到清凉、解毒、去火的作用。

制作提示

姜的表面不平整，去除姜皮十分麻烦，可用汽水瓶或酒瓶盖周围的锯齿来削姜皮，既快又方便。

做法演示

1. 羊肉切片，加入适量盐、生抽、料酒、淀粉抓匀，腌渍。

2. 炒锅热油，放入姜片、蒜梗。

3. 再倒入青椒片、红椒片略炒。

4. 倒入腌渍好的羊肉。

5. 加入适量料酒、柱候酱、辣椒酱，炒 2 分钟至熟透。

6. 淋入少许水。

7. 加适量盐、白糖、味精、蚝油炒匀。

8. 再放入蒜叶。

9. 翻炒均匀，出锅即可。

炒羊肚

　　青椒的维生素 C 含量非常高，是西红柿的 7~15 倍。青椒的有效成分辣椒素是一种抗氧化物质，能增进食欲、帮助消化，还可终止细胞组织的癌变过程，降低癌症的发生率。经常吃青椒对人体大有裨益。

材料

熟羊肚	250 克	葱叶	5 克
青椒片	15 克	盐	4 克
红椒片	15 克	味精	1 克
姜片	5 克	蚝油	10 毫升
蒜末	5 克	淀粉	适量
葱白	5 克	食用油	适量

羊肚　　青椒　　红椒　　蒜

小贴士

　　羊肚整体泡在水里，稍微撒些盐，揉搓一阵，再取出来，用干燥的玉米面撒在表面，反复揉搓，之后把玉米面抖掉，再用清水冲两遍即可。

制作提示

　　切青椒的时候，先把菜刀浸入水中，可避免青椒中的辣味素刺激眼睛。

做法演示

1. 熟羊肚洗净切片备用。

2. 油锅烧热，倒入姜片、蒜末、葱白爆香。

3. 倒入熟羊肚拌炒片刻。

4. 再倒入青椒片、红椒片，炒约 1 分钟至熟。

5. 加少许盐、味精、蚝油调味。

6. 用少许淀粉加水勾芡，炒匀。

7. 撒入葱叶炒匀。

8. 继续在锅中翻炒至熟透。

9. 装入盘中即可。

口味 咸　　人群 一般人群　　功效 开胃消食

洋葱炒五花肉

　　洋葱中含糖、蛋白质及各种无机盐、维生素等营养素，能较好地调节神经、增强记忆力，其挥发成分还有刺激食欲、帮助消化、促进吸收等功能。洋葱提取物还具有杀菌作用，可提高胃肠道张力，增强消化道分泌功能。

材料

五花肉	300 克	生抽	4 毫升
洋葱片	70 克	味精	1 克
红椒片	20 克	白糖	3 克
蒜末	5 克	料酒	适量
姜片	5 克	淀粉	5 克
盐	4 克	豆豉	适量
老抽	3 毫升	食用油	适量

小贴士

优质的五花肉层层肥瘦相间，肥瘦适当，用手轻轻按压，肉质弹性佳，不会松垮；用手摸下五花肉表面，有点干或略显湿润而且不黏手。

制作提示

用厨房用纸吸干五花肉的水分，放入油锅炸的时候可防热油溅出。

做法演示

1. 五花肉洗净，切片。

2. 锅置火上，注入适量食用油烧热，倒入五花肉。

3. 炒至五花肉吐油，加老抽、生抽炒香。

4. 倒入红椒片、洋葱片。

5. 再倒上豆豉、蒜末、姜片炒匀。

6. 加入盐、味精、白糖、料酒翻炒至入味。

7. 用少许淀粉加水勾芡。

8. 再加入少许食用油炒匀。

9. 盛入盘中即可。

肉末炒金针菇

金针菇的氨基酸含量非常丰富，高于一般菇类。金针菇还含有朴菇素，能增强机体对癌细胞的抗御能力。金针菇能降低胆固醇含量，预防肝脏疾病和胃溃疡，增强身体免疫力，缓解疲劳，适合高血压患者、肥胖者和中老年人食用。

📋 材料

金针菇	350 克	白糖	2 克
肉末	70 克	鸡精	4 克
葱段	5 克	蚝油	10 毫升
红椒丝	5 克	胡椒粉	3 克
盐	3 克	高汤	适量
淀粉	适量	食用油	适量

金针菇　　　肉　　　红椒　　　胡椒粉

🍲 做法演示

1. 金针菇洗净，切去根部备用。

2. 热锅注入适量食用油，倒入肉末炒香。

3. 放入金针菇翻炒均匀。

4. 倒入高汤拌匀。

5. 放入红椒丝炒匀。

6. 加盐、鸡精、白糖、蚝油炒匀。

7. 用少许淀粉加水勾芡。

8. 撒上少许胡椒粉，加入葱段炒匀。

9. 盛出装盘即可。

姜炒双心

猪心营养丰富，含有蛋白质、脂肪、维生素 C、烟酸、钙、磷、铁等营养素，对加强心肌营养、增强心肌收缩力有很大的作用。猪心还具有补虚、安神定惊、养心补血等功效，适合心虚多汗、失眠、多梦及精神恍惚者食用。

🥬 材料

菜心	150 克	盐	适量
猪心	200 克	味精	适量
姜末	20 克	料酒	适量
青椒片	10 克	蚝油	10 毫升
红椒片	10 克	淀粉	适量
蒜末	3 克	食用油	适量

菜心　　猪心　　红椒　　蒜

📝 小贴士

买回猪心后，立即拿少量面粉将其裹　层，放置1小时左右，然后再用清水洗净，这样可有效去除猪心的异味，使烹炒出来的猪心味美纯正。

❗ 制作提示

猪心入锅炒制的时间不能太久，炒制太久会使猪心的水分过度收失，猪心鲜嫩口感。

🍳 做法演示

1. 猪心洗净，切片。

2. 猪心加适量盐、料酒、味精拌匀，腌渍 10 分钟。

3. 锅置大火，注入食用油烧热，倒入菜心略炒。

4. 加入少许清水拌炒匀。

5. 加适量盐调味，用少许淀粉加水勾芡，盛出菜心备用。

6. 另起油锅，倒入蒜末、青椒片、红椒片炒香。

7. 倒入猪心拌炒约 2 分钟，倒入姜末。

8. 加入适量盐、味精、蚝油翻炒至熟。

9. 用少许淀粉加水勾芡，盛在菜心上即可。

豇豆炒羊肉

豇豆的营养价值很高，含大量蛋白质、糖类、磷、钙、铁和维生素 B_1、维生素 B_2 及烟酸、膳食纤维等营养素，其中以磷的含量最为丰富。豇豆有健脾补肾的功效，可辅助治疗消化不良，对尿频、遗精等症也有一定的食疗功效。

🏷 材料

豇豆	150 克	味精	1 克
羊肉	100 克	盐	适量
胡萝卜丝	20 克	白糖	3 克
蒜末	4 克	料酒	适量
姜片	3 克	生抽	5 毫升
葱白	5 克	淀粉	适量
蚝油	10 毫升	食用油	适量

📝 小贴士

豇豆未熟透时食用易引起中毒，其所含的菜豆凝集素和皂素被认为是导致中毒的主要因素，因此，豇豆一定要炒熟。

❗ 制作提示

豇豆在炒之前要先焯一下，成品的色泽才会翠绿。豇豆烹调时间不可过长，以免造成营养素损失过多。

✋ 做法演示

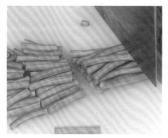

1. 将豇豆洗净，切段。

2. 将羊肉洗净，切片。

3. 羊肉加适量盐、料酒、生抽拌匀，腌渍片刻。

4. 热锅注油烧热，倒入豇豆、胡萝卜丝，滑油片刻捞出。

5. 再倒入羊肉滑油片刻。

6. 锅留底油，放入蒜末、姜片、葱白爆香。

7. 倒入豇豆、胡萝卜丝和羊肉。

8. 淋上适量料酒炒香，加适量盐、蚝油、味精、白糖炒入味。

9. 用少许淀粉加水勾芡，装盘即可。

🔺 口味 咸　😊 人群 一般人群　🍴 功效 增强免疫力

葱香牛肉

　　牛肉属于高蛋白、低脂肪类食物，富含多种氨基酸和矿物质，具有消化、吸收率高的特点。牛肉还含有丰富的维生素 B_6，食之可增强免疫力，促进蛋白质的新陈代谢和合成，从而有助于紧张训练后身体的恢复，很适合体力透支者食用。

材料

牛肉	250 克	味精	1 克
葱条	35 克	白糖	3 克
红椒圈	5 克	小苏打	2 克
姜片	3 克	料酒	适量
蒜末	3 克	蚝油	10 毫升
葱白	5 克	豆瓣酱	适量
盐	适量	淀粉	适量
生抽	5 毫升	食用油	适量

做法演示

1. 将洗净的牛肉切成片。

2. 牛肉片加入适量盐、生抽、小苏打、淀粉拌匀，腌渍片刻。

3. 锅中加入约 1500 毫升清水烧开，倒入牛肉余片刻捞出。

4. 热锅注油，烧至五成热，倒入牛肉，滑油片刻后捞出。

5. 锅留底油，倒入红椒圈、姜片、蒜末、葱白炒香。

6. 倒入牛肉，加入适量盐、味精、白糖。

7. 再加入蚝油、豆瓣酱、料酒。

8. 炒匀至入味，用少许淀粉加水勾芡。

9. 将炒好的牛肉盛入垫好洗净的葱条的盘中，摆好盘即可。

蒜薹炒肉

　　蒜薹的营养成分很高，含有蛋白质、脂肪、碳水化合物、膳食纤维、维生素 A、维生素 C、胡萝卜素，以及钙、磷、钾等营养素，具有温中下气、补虚、调和脏腑以及活血、防癌、杀菌的功效，对腹痛、腹泻症状也有一定的食疗功效。

材料

蒜薹	100 克	蚝油	3 毫升
五花肉	150 克	老抽	5 毫升
红椒丝	20 克	白糖	3 克
盐	3 克	料酒	适量
鸡精	3 克	食用油	适量
味精	1 克	辣椒酱	适量

蒜薹　　五花肉　　红椒　　白糖

小贴士

蒜薹含有辣素，其杀菌能力可达到青霉素的十分之一，对病原菌和寄生虫都有良好的杀灭作用，可以起到预防流感、防止伤口感染和驱虫的功效。

制作提示

煮蒜薹的时间不可太长，否则影响其口感和外观·五花肉不要太瘦，以免口感牛硬。

做法演示

1. 将洗净的蒜薹沥干水分，再切成约 3 厘米长的段。

2. 将洗净的五花肉切成片。

3. 锅中加清水烧开，加适量食用油煮沸，倒入蒜薹。

4. 搅匀，煮至七八成熟，捞出。

5. 油锅烧热，倒入五花肉，翻炒至出油、变色。

6. 加老抽、白糖、料酒炒匀。

7. 倒入焯水后的蒜薹和切好的红椒丝。

8. 加入盐、鸡精、味精、蚝油、辣椒酱，炒匀调味。

9. 翻炒至熟，装盘即可。

🔺 口味 辣　　☺ 人群 一般人群　　👅 功效 增强免疫力

荷兰豆炒牛肉

　　牛肉蛋白质含量高，而脂肪含量低，其氨基酸组成比猪肉更接近人体需要，能提高机体抗病能力，还具有补脾胃、益气血、强筋骨、消水肿等功效。牛肉与仙人掌搭配，可以起到提高机体免疫功能的效果，老年人也可以经常食用。

📋 材料

荷兰豆	150 克	味精	1 克
牛肉	150 克	白糖	2 克
青椒片	15 克	蚝油	适量
红椒片	15 克	老抽	5 毫升
蒜末	3 克	料酒	适量
姜片	3 克	淀粉	适量
葱白	5 克	食用油	适量
盐	适量		

✏️ 小贴士

新鲜牛肉有光泽，肌肉呈红色且均匀，肉的表面微干或湿润，不黏手。将新鲜牛肉放在浓度为 1% 的醋酸钠溶液里浸泡 1 小时后取出，一般可存放 3 天。

📌 制作提示

牛肉炒至快熟时，加入新鲜的或腌渍的雪里蕻，可以增加牛肉的鲜味。

💡 做法演示

1. 荷兰豆洗净，去筋，切去两头。

2. 牛肉洗净，切片。

3. 牛肉加适量盐、老抽、淀粉抓匀，腌渍片刻。

4. 锅中注油烧热，倒入腌渍好的牛肉，滑炒片刻，捞起。

5. 锅留底油，下蒜末、姜片、葱白爆香，倒入荷兰豆。

6. 加入切好的青椒片、红椒片，淋入料酒，翻炒匀。

7. 倒入滑油后的牛肉。

8. 加适量盐、蚝油、味精、白糖炒匀。

9. 翻炒匀至熟透，出锅盛入盘中即可。

猪腰炒荷兰豆

　　荷兰豆含有蛋白质、脂肪、胡萝卜素、氨基酸、钙、磷、铁、维生素 B_1、烟酸、维生素 B_2 等营养素。它还含有特有的植物凝集素、止权素等，这些物质对增强人体新陈代谢有重要作用，可以增强人体的抗病能力。

材料

猪腰	200克	盐	适量
荷兰豆	100克	蚝油	10毫升
洋葱片	100克	料酒	适量
水发黑木耳	80克	味精	1克
葱段	5克	白糖	3克
姜片	3克	淀粉	适量
蒜末	3克	食用油	适量

 猪腰　　 荷兰豆　　 洋葱　　 黑木耳

做法演示

1. 将猪腰洗净，切片。

2. 加入适量盐、料酒、淀粉，拌至入味，腌渍片刻。

3. 将腌渍好的猪腰倒入沸水中焯烫片刻，捞出。

4. 油锅烧热，放入姜片、蒜末和葱段爆香。

5. 倒入泡发洗净的黑木耳、荷兰豆、洋葱片，翻炒炒匀。

6. 倒入猪腰，淋入少许料酒。

7. 放入蚝油，倒入少许清水，炒至熟透。

8. 加适量盐、味精、白糖翻炒至入味。

9. 用少许淀粉加水勾芡，炒匀装盘即成。

△ 口味 清淡　☺ 人群 女性　🍲 功效 益气补血

韭黄炒肉丝

猪瘦肉营养丰富，蛋白质含量高，还含有丰富的脂肪、维生素 B_1、钙、磷、铁等营养素，具有补肾养血、滋阴润燥、丰肌泽肤等功效。凡病后体弱、产后血虚、面黄羸瘦者，皆可用之作营养滋补之品。

材料

猪瘦肉	200 克	鸡精	1 克
韭黄	100 克	白糖	3 克
青椒丝	20 克	味精	1 克
红椒丝	20 克	食用油	适量
盐	适量	淀粉	适量

📝 小贴士

选购韭黄时，以叶片无枯萎、不腐烂、无绿色的为好。韭黄不易保存，将其用带帮的大白菜叶子包住捆好，放在阴凉处，可以多保存几天。

❗ 制作提示

烹饪此菜时，可先将猪肉腌渍入味，然后再加入淀粉拌匀，这样炒出的菜肴口感更佳。

做法演示

1. 韭黄洗净，切成约 4 厘米长的段。

2. 猪瘦肉洗净，切成细丝。

3. 肉丝中加入适量盐、味精、淀粉，腌渍 10 分钟。

4. 锅中注水烧开后，倒入腌渍好的肉丝，1 分钟后捞出。

5. 热锅注油，烧至四成热，放入肉丝，滑油片刻后捞出。

6. 锅留底油，倒入青椒丝，红椒丝炒香。

7. 倒入韭黄，加入适量盐、白糖调味，炒匀。

8. 倒入猪瘦肉丝，加鸡精拌炒约 1 分钟至入味。

9. 用少许淀粉加水勾芡，拌炒均匀，盛入盘中即可。

藕片炒牛肉

　　莲藕含有丰富的淀粉、蛋白质、脂肪、碳水化合物、粗纤维、糖、钙、磷、铁、维生素 C 以及氧化酶等营养素。常食莲藕能健脾开胃、益血补心，还能消食、止渴、生津。莲藕是老少皆宜的食补佳品。

📋 材料

莲藕	200 克	鸡精	3 克
牛肉片	150 克	小苏打	2 克
青椒片	15 克	生抽	3 毫升
红椒片	15 克	老抽	3 毫升
蒜末	3 克	料酒	4 毫升
姜片	3 克	淀粉	适量
盐	3 克	葱白	适量
味精	2 克	食用油	适量

📋 做法演示

1. 将莲藕洗净，切片。

2. 牛肉片加适量盐、小苏打、生抽、食用油、淀粉腌渍片刻。

3. 藕片用沸水焯烫，捞出备用。

4. 牛肉用热油滑锅，备用。

5. 锅置火上，注油烧热，入蒜末、姜片、葱白、青椒、红椒爆香。

6. 倒入藕片翻炒片刻，倒入滑油后的牛肉片。

7. 加适量盐、味精、鸡精、老抽和料酒，炒1分钟至入味。

8. 用少许淀粉加水勾芡，再淋入熟油翻炒均匀。

9. 起锅，盛入盘内即可。

土豆炒脆腰

　　土豆含有丰富的维生素 B_1、维生素 B_2、维生素 B_6、泛酸及大量的优质纤维素，还含有微量元素、氨基酸、蛋白质、脂肪和优质淀粉等营养素，具有延缓衰老、美容肌肤的作用，非常适合女性食用。

📋 材料

土豆	300 克	料酒	5 毫升
猪腰	150 克	鸡精	3 克
葱段	5 克	蚝油	10 毫升
青椒丝	10 克	老抽	5 毫升
红椒丝	10 克	淀粉	适量
盐	适量	食用油	适量
味精	1 克		

土豆　　　猪腰　　　青椒　　　红椒

✏️ 小贴士

　　新鲜的猪腰颜色呈自然的深红色，按下去有弹性，没有水分。猪腰切片后，用葱姜汁泡 2 小时可去臊味，再换两次清水，泡至猪腰片发白膨胀即成。

✔️ 制作提示

　　土豆切好后，最好放入淡盐水中浸泡，这样可保持土豆的爽脆。

🍳 做法演示

1. 将土豆去皮洗净，切条。

2. 猪腰洗净切丝，加适量盐、食用油、淀粉，腌渍片刻。

3. 将土豆和腌渍好的猪腰分别入热水焯烫，捞出备用。

4. 起油锅，放入葱段、青椒丝、红椒丝爆香。

5. 倒入猪腰，再淋入少许料酒炒匀。

6. 倒入土豆翻炒片刻。

7. 转小火，加适量盐、鸡精、味精、蚝油、老抽调味。

8. 用少许淀粉加水勾芡，转中火炒匀。

9. 淋入熟油炒匀，装盘即可。

洋葱炒牛肉

　　洋葱中的营养成分非常丰富，富含钾、维生素C、锌、硒及纤维质等营养素，更含有槲皮素和前列腺素A这两种特殊物质，具有抗癌和维护心脑血管健康的功效。洋葱中还含有大蒜素，这种物质有很强的杀菌能力，可以有效抵御流感病毒、预防感冒，提高人体的抗病能力。

材料

牛肉	300 克	鸡精	1 克
洋葱	100 克	生抽	3 毫升
红椒片	15 克	白糖	5 克
姜片	3 克	蚝油	8 毫升
蒜末	3 克	小苏打	2 克
葱白	5 克	淀粉	适量
盐	适量	辣椒酱	适量
味精	1 克	食用油	适量

小贴士

　　牛肉不宜顺着纹路切，否则许多筋就会整条地保留在肉片内，这样炒出来的牛肉很难嚼烂，不适合给老年人和儿童食用。

制作提示

　　牛肉不易熟烂，烹饪时可放少许小苏打，焖炒更软嫩，有利于熟烂。

做法演示

1. 将洋葱洗净，切片。

2. 牛肉洗净切片，加适量盐、小苏打、生抽、淀粉腌渍。

3. 将腌渍好的牛肉过沸水汆烫，捞出。

4. 将汆过水的牛肉放入热油中，略炸1分钟。

5. 锅置大火，注油烧热，倒入姜片、蒜末、葱白爆香。

6. 倒入洋葱、红椒片炒约半分钟，倒入牛肉。

7. 加入适量盐、味精、鸡精、白糖、蚝油。

8. 加入辣椒酱炒匀。

9. 再用少许淀粉勾芡，翻炒均匀，出锅即可。

口味 鲜　　人群 女性　　功效 防癌抗癌

葱爆羊肉

　　大葱不仅营养丰富，而且具有很好的养生保健功效。它所含有的微量元素硒，可降低胃液内的亚硝酸盐含量，对预防胃癌等有一定的作用。另外，大葱还含有大蒜素，具有显著的抵御细菌、病毒的作用。

材料

羊肉	300克	味精	1克
葱白	50克	生抽	3毫升
红椒	20克	淀粉	5克
姜片	3克	食用油	适量
蒜末	3克	辣椒酱	适量
盐	适量		

羊肉　　　红椒　　　姜　　　蒜

小贴士

患有胃肠道疾病特别是溃疡病的人不宜多食大葱。另外，大葱对汗腺刺激作用较强，有腋臭的人在夏季应慎食，否则会加重病情。

制作提示

羊肉中有很多筋膜，切丝之前应将其剔除，否则炒熟后肉膜又硬，难以下咽。

做法演示

1. 将洗净的葱白切段。

2. 红椒洗净，去籽，切片。

3. 羊肉切片，加适量盐、味精、生抽、淀粉抓匀腌渍10分钟。

4. 将腌渍好的羊肉倒入热油锅中，炸1分钟后捞出。

5. 锅留底油，倒入姜片、蒜末、葱白、红椒爆香。

6. 倒入滑好油的羊肉。

7. 加入适量盐、味精、辣椒酱调味。

8. 翻炒1分钟至羊肉熟透，用少许淀粉加水勾芡。

9. 淋上少许熟油，装盘，以黄瓜片（材料外）装饰即可。

韭黄炒羊肚丝

　　韭黄含有挥发性精油及硫化物等特殊成分，其散发出的一种独特辛香气味，有助于疏调肝气，增进食欲，增强消化功能。此外，韭黄的辛辣气味有散瘀活血、行气导滞的作用，对跌打损伤、反胃、肠炎、吐血、胸痛等症有很好的食疗作用。

材料

韭黄	250 克	味精	1 克
熟羊肚	350 克	鸡精	2 克
青椒	25 克	淀粉	适量
红椒	25 克	料酒	适量
盐	3 克	食用油	适量

韭黄　　　　羊肚　　　　青椒　　　　红椒

做法演示

1. 将清洗干净的韭黄切段。

2. 熟羊肚洗净切丝。

3. 洗净的红椒、青椒去籽，切丝。

4. 锅置火上，注入食用油烧热，放入切好的羊肚丝。

5. 加入适量料酒提鲜，倒入切好的韭黄。

6. 再加入准备好的青椒、红椒丝，炒匀。

7. 放盐、味精、鸡精调味。

8. 用少许淀粉加水勾芡，炒匀。

9. 翻炒片刻至熟透，出锅装盘即可。

🔺 口味 清淡　　☺ 人群 糖尿病患者　　🍱 功效 降压降糖

黄瓜炒火腿

　　黄瓜含有人体生长发育和生命活动所必需的多种糖类、氨基酸和维生素，具有除湿、利尿、降脂、镇痛、促消化之功效；其所含的丙醇和乙醇能抑制糖类物质转化为脂肪，对肥胖者、高血压和糖尿病患者有利。

🍴 材料

黄瓜	500 克	料酒	5 毫升
火腿肠	100 克	蚝油	3 克
红椒	15 克	白糖	3 克
姜片	5 克	淀粉	5 克
蒜末	3 克	葱白	适量
盐	3 克	食用油	适量

黄瓜　　火腿肠　　红椒　　姜

📋 做法

1. 黄瓜洗净去皮切段，红椒洗净切片，火腿切片。
2. 油锅烧热，将火腿炸至暗红色捞出。
3. 锅留底油，倒入姜片、蒜末、葱白、红椒炒匀。
4. 倒入黄瓜，再倒入火腿肠炒匀。
5. 加入料酒、蚝油、盐、白糖。
6. 拌炒均匀使其入味。
7. 用少许淀粉加水勾芡。
8. 翻炒片刻，出锅即可。

第三章

营养禽蛋

禽肉类和禽类蛋是餐桌上的美味佳肴，也是人们日常进补的优良食物。禽蛋所含有的营养成分非常容易被人体消化吸收。本章挑选的都是人们所熟知的食材，包括鸡肉、鸭肉、鹅肉、蛋类等，并将教你用很家常的做法，烹饪出一道道美味可口的家常菜。

口味 辣　人群 一般人群　功效 开胃消食

小炒鸡胗

鸡胗含有脂肪、蛋白质、纤维素、胡萝卜素、维生素 B_2、烟酸、胆固醇、镁等营养素，有消食导滞、帮助消化的作用，多食可辅助治疗食积胀满、呕吐反胃、消渴、遗溺、牙疳口疮等症，还能利便、除热解烦。

鸡胗	200 克	葱白	5 克
青椒片	20 克	料酒	适量
红椒片	20 克	盐	适量
芹菜	15 克	豆瓣酱	适量
姜片	3 克	淀粉	适量
蒜末	3 克	食用油	适量

鸡胗　　　青椒　　　红椒　　　蒜

小贴士

新鲜的鸡胗富有弹性和光泽，外表呈红色或紫红色，质地坚而厚实；不新鲜的鸡胗呈黑红色，无弹性和光泽，肉质松软，不宜购买。

制作提示

鲜鸡胗要仔细清洗，可先用沸水稍烫以去异味。芹菜不要炒制太久，以免影响其脆嫩口感。

做法演示

1. 将芹菜洗净，切成段。

2. 鸡胗切成块，加入适量盐、料酒、淀粉拌匀，腌渍入味。

3. 锅中加清水烧开，倒入切好的鸡胗，汆至断生后捞出。

4. 热锅注油，烧至四成热，倒入鸡胗，滑油片刻捞出备用。

5. 锅留底油，倒入姜片、蒜末、葱白爆香，倒入红椒、青椒炒匀，再倒入鸡胗炒2分钟。

6. 加适量的料酒炒香，加适量盐、豆瓣酱炒匀调味。

7. 再倒入切好的芹菜。

8. 用淀粉加水勾芡，再炒匀。

9. 盛出装盘即可。

口味 辣　　人群 男性　　功效 养心润肺

青椒爆鸭

鸭肉营养价值非常高，适合冬季食用。其富含蛋白质、脂肪、碳水化合物、维生素A、磷、钾等营养素，具有补肾、消水肿、止咳化痰的功效，对于肺结核也有很好的食疗作用。日常生活中男性多吃鸭肉，具有很好的保健作用。

📋 材料

熟鸭肉	200 克	白糖	2 克
青椒	100 克	料酒	3 毫升
豆瓣酱	10 克	老抽	3 毫升
干辣椒	3 克	生抽	3 毫升
蒜末	3 克	葱段	适量
姜片	3 克	淀粉	适量
盐	3 克	食用油	适量
味精	1 克		

📝 小贴士

烹饪此菜时，若选用鲜鸭肉烹制，可先用少许白酒和盐将鸭肉抓匀，腌渍 10 多分钟。这样不仅能有效去除鸭肉的腥味，而且还能为菜肴增香。

⚠ 制作提示

炒制时要用大火，保证成品口感脆嫩，加入少许啤酒，味道会更好。

🍳 做法演示

1. 将鸭肉斩成块。

2. 洗净的青椒去籽，切成片。

3. 油锅烧热，倒入鸭块，小火炸约 2 分钟后捞出。

4. 锅留底油，倒入适量葱段、蒜末、姜片、干辣椒煸香。

5. 倒入炸好的鸭块翻炒片刻。

6. 加豆瓣酱炒匀，淋入料酒、老抽、生抽拌炒匀。

7. 倒入清水，煮沸后加盐、味精、白糖调味，倒入青椒片，拌熟。

8. 用少许淀粉加水勾芡，快速拌炒均匀。

9. 撒入适量葱段炒匀，盛入盘内即可。

芹菜炒鸭肠

　　芹菜中含有丰富的维生素 A、钙、铁、磷、蛋白质、甘露醇、膳食纤维等营养素，具有清热、平肝、健胃、降血压、降血脂的功效，还能保持肌肤健康，改善女性月经不调和更年期症状，具有很好的食疗效果。

材料

芹菜	250 克	料酒	适量
鸭肠	200 克	味精	1 克
葱白	10 克	盐	适量
红椒丝	5 克	淀粉	适量
姜片	5 克	食用油	适量

芹菜　　　鸭肠　　　红椒　　　姜

小贴士

如果鸭肠色泽变暗，说明质量差，不宜选购。鸭肠对人体新陈代谢、心脏、神经、消化和视觉的维护都有良好的作用。

芹菜要选用色泽鲜绿、叶柄厚实、茎部稍呈圆形的。

制作提示

芹菜不宜切后再洗，否则会使营养素大量流失。

做法演示

1. 将鸭肠洗净，切段。

2. 芹菜取梗洗净，切段。

3. 锅中注水烧开，加适量盐、料酒，放入鸭肠汆至断生。

4. 炒锅注入食用油烧热，放入姜片、葱白爆香。

5. 倒入汆水后的鸭肠。

6. 再放入红椒丝、芹菜，淋入适量料酒炒至熟。

7. 加入少许盐、味精炒匀。

8. 用少许淀粉加水勾芡，翻炒匀至入味。

9. 盛入盘中即可。

鸡丝炒百合

　　百合除含有蛋白质、脂肪、还原糖、淀粉外，还含有钙、磷、铁、B族维生素、维生素C等营养素，具有养心安神、润肺止咳的功效，对病后虚弱的人非常有益。百合入心经，性微寒，能清心除烦，常用于热病后余热未消、神思恍惚、失眠多梦、心情抑郁、喜悲伤欲哭等病症的辅助治疗。

材料

鸡胸肉	300 克	料酒	5 毫升
鲜百合	70 克	味精	1 克
青椒丝	10 克	盐	适量
红椒丝	10 克	淀粉	适量
姜丝	3 克	食用油	适量

鸡胸肉　　鲜百合　　红椒　　姜

做法演示

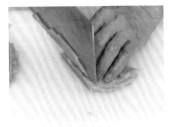

1. 将洗净的鸡胸肉切细丝。

2. 加适量盐、淀粉、食用油拌匀，腌渍 10 分钟。

3. 沸水锅中加入适量盐，倒入洗净的百合煮至熟，捞出。

4. 再将鸡肉丝倒入，汆烫片刻后捞出

5. 油锅烧至五成热，放入鸡肉丝，滑油片刻，捞出沥干油。

6. 锅留底油，倒入青椒丝、红椒丝、姜丝爆香。

7. 倒入鸡胸肉，再放入百合，淋上料酒。

8. 加适量盐、味精翻炒至入味，用少许淀粉加水勾芡。

9. 盛出装盘即可。

香椿炒蛋

香椿含有丰富的维生素C、蛋白质、胡萝卜素、B族维生素和钙、磷、铁等营养素，有清热解毒、健胃理气、润肤明目、杀虫等功效，对疮疡、脱发、目赤、肺热咳嗽等症有一定的食疗作用，还有助于增强人体的免疫功能。

材料

香椿	150 克
鸡蛋	1 个
味精	1 克
鸡精	适量
盐	适量
食用油	适量

小贴士

香椿焯水是为了去除香椿芽中亚硝酸盐的含量。香椿可辅助治疗肠炎、痢疾、泌尿系统感染等病症，但香椿为发物，多食易诱使痼疾复发，故慢性疾病患者应少食或不食。

制作提示

香椿要选用新鲜、脆嫩的，煮制的时间不可太长，以免影响其脆嫩口感。

做法演示

1. 洗净的香椿切 1 厘米长的段。

2. 鸡蛋打入碗中，打散，加少许盐、鸡精调匀。

3. 油锅烧热，倒入蛋液拌匀，翻炒至熟，盛出装盘备用。

4. 锅中加约 1000 毫升清水烧开，加少许食用油。

5. 倒入切好的香椿，煮片刻后捞出。

6. 油锅烧热，倒入香椿炒匀。

7. 加少许盐、味精、鸡精炒匀。

8. 再倒入煎好的鸡蛋，翻炒均匀至入味。

9. 盛出装盘即可。

 口味 清淡　 人群 一般人群　 功效 增强免疫力

胡萝卜炒鸡丝

　　鸡肉是磷、铁、铜与锌的良好来源，且含有较多的不饱和脂肪酸——油酸和亚油酸。鸡胸肉的蛋白质含量较高，易被人体吸收利用，经常食用可以强身健体，增强身体的免疫力，是老少皆宜的佳品。

胡萝卜	200 克	料酒	4 毫升
鸡肉丝	300 克	味精	2 克
蒜末	3 克	鸡精	1 克
葱白	3 克	盐	适量
葱叶	2 片	淀粉	适量
姜丝	3 克	食用油	适量

胡萝卜　　鸡肉　　葱　　姜

📝 小贴士

　　胡萝卜富含维生素 A，它是骨骼生长发育的必需物质，有助于细胞增殖与生长，对促进婴幼儿的生长发育具有重要意义。

📘 制作提示

　　鸡肉因滑过油，翻炒时间不用过长，用大火快速翻炒即可以确保其肉质鲜嫩。

🍳 做法演示

1. 把去皮洗净的胡萝卜切片后，再切成丝。

2. 鸡肉丝加适量盐、淀粉、食用油拌匀，腌渍 10 分钟。

3. 锅中加水烧开，倒入胡萝卜，焯煮约 1 分钟后捞出。

4. 热锅注油烧至四成热，倒入鸡肉丝，滑油至变白后捞出。

5. 锅留底油，倒入姜丝、蒜末、葱白爆香。

6. 倒入焯水后的胡萝卜，再加入滑过油的鸡肉丝。

7. 加适量盐、料酒、味精、鸡精，炒 1 分钟至入味。

8. 用少许淀粉加水勾芡，倒入葱叶炒匀。

9. 加少许熟油炒匀，盛出装盘即可。

五彩鸡丝

香菇含有多种维生素、氨基酸、矿物质，经常食用可以促进人体的新陈代谢，提高机体适应力。香菇是高蛋白、低脂肪、多糖的菌类食物，可以促进肠道的蠕动，促进消化，可用于消化不良、便秘等病症，具有很好的辅助治疗效果。

材料

鸡胸肉	200 克	姜丝	5 克
水发香菇	35 克	料酒	5 毫升
青椒丝	20 克	盐	适量
红椒丝	20 克	味精	适量
胡萝卜丝	20 克	淀粉	适量
土豆丝	20 克	食用油	适量
蒜末	3 克		

鸡胸肉

香菇

红椒

姜

小贴士

鸡胸肉蛋白质含量较高，并且容易被人体吸收，能有效补充人体所需的蛋白质。鸡胸肉还含有对人体生长发育起重要作用的磷脂类，是中国人膳食结构中磷脂的重要来源之一。

制作提示

炒制此菜时可加入少许辣椒油或辣椒酱，味道会更好。

做法演示

1. 水发香菇洗净切成丝。

2. 鸡胸肉洗净，切丝，装入碗中。

3. 加适量盐、淀粉、食用油腌渍。

4. 锅中加水烧开，加入适量盐、食用油，拌匀。

5. 倒入胡萝卜、土豆、香菇、青椒、红椒，煮熟捞出。

6. 再倒入鸡肉丝，搅散，余至变色即可捞出。

7. 油锅烧热，加姜丝、蒜末爆香，倒入胡萝卜丝、土豆丝、香菇、青椒、红椒、鸡肉丝炒匀。

8. 加入适量盐、味精，再加入料酒，翻炒均匀至入味。

9. 用少许淀粉加水勾芡，翻炒炒匀，盛出装入盘中即可。

🏔 口味 清淡　　😊 人群 女性　　👋 功效 清热解毒

银芽炒鸡丝

　　绿豆芽富含纤维素、多种维生素以及钙、铁等营养素，具有清热解毒、利尿除湿的作用，能够清除血管壁中胆固醇和脂肪的堆积，预防心血管病变。常食绿豆芽还可以清肠胃、洁牙齿。

材料

绿豆芽	100 克	葱姜酒汁	10 毫升
鸡胸肉	80 克	白糖	2 克
胡萝卜丝	30 克	盐	适量
葱段	5 克	淀粉	适量
姜丝	3 克	食用油	适量
鸡精	1 克		

绿豆芽　　鸡胸肉　　葱　　姜

做法演示

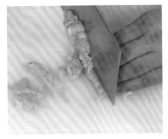

1. 将洗净的鸡胸肉切丝，装入盘中。

2. 加适量盐、葱姜酒汁、淀粉，用筷子拌匀，腌渍片刻。

3. 热锅注入食用油，倒入鸡肉丝，滑油至熟后，捞出装盘。

4. 锅留底油，倒入洗净的绿豆芽翻炒匀。

5. 加适量盐、鸡精、白糖调味。

6. 倒入姜丝、胡萝卜丝炒匀。

7. 倒入鸡肉丝，用少许淀粉加水勾芡，拌炒均匀。

8. 撒上葱段，加少许熟油炒匀。

9. 盛出装盘即可。

莴笋炒鸡柳

　　莴笋的碳水化合物含量较低，而无机盐、维生素的含量则较高，尤其是含有较多的烟酸，而烟酸是胰岛素的激活剂。糖尿病患者经常食用莴笋，可改善糖的代谢功能。此外，莴笋还含有一定量的锌、铁等微量元素，而且很容易被人体吸收，经常食用新鲜莴笋，可以预防缺铁性贫血。

材料

鸡胸肉	150 克	白糖	2 克
莴笋	100 克	鸡精	1 克
红椒丝	20 克	料酒	3 毫升
姜片	3 克	盐	适量
蒜片	3 克	淀粉	适量
葱段	5 克	蛋清	适量
味精	1 克	食用油	适量

做法演示

1. 莴笋去皮，洗净切条。

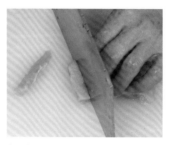

2. 鸡胸肉洗净切条。

3. 鸡胸肉加适量盐、蛋清、淀粉、食用油拌匀，制成鸡柳，腌渍 10 分钟。

4. 锅中倒入适量清水烧开，倒入适量食用油拌匀。

5. 放入莴笋，再加入少许盐拌匀，待莴笋焯熟后捞出待用。

6. 锅中注入食用油，倒入鸡柳拌匀，滑油片刻后捞出。

7. 锅留底油，放姜片、蒜片、红椒丝、葱段、莴笋、鸡柳。

8. 淋入料酒，炒匀，加适量盐、白糖、鸡精调味，翻炒至熟。

9. 用少许淀粉加水勾芡，翻炒均匀，出锅装盘即可。

🔺 口味 酸　😊 人群 女性　🍲 功效 美容养颜

西红柿炒鸡蛋

　　西红柿中含有丰富的钙、磷、铁、胡萝卜素及维生素，生食、熟食皆宜，味微酸适口。西红柿能生津止渴、健胃消食，故对口渴、食欲不振等症有很好的辅助治疗作用。西红柿汁多，对肾炎患者有很好的食疗作用。

材料

西红柿	200 克	香油	10 毫升
鸡蛋	3 个	鸡精	适量
姜末	3 克	盐	适量
蒜末	3 克	淀粉	适量
葱白	5 克	番茄汁	适量
葱花	3 克	食用油	适量
白糖	2 克		

小贴士

搅鸡蛋时要尽量顺着一个方向搅，这样炒出来的鸡蛋味道更好。西红柿也有美容效果，常吃可以使皮肤细滑白皙，还可延缓衰老。

制作提示

在打散的鸡蛋里放入少量清水，待搅拌后放入锅里，鸡蛋就不容易粘锅。

做法演示

1. 将洗净的西红柿切成块。

2. 鸡蛋打入碗中，加入适量盐、鸡精、淀粉，搅散备用。

3. 油锅烧热，倒入蛋液，炒至熟，盛入碗中。

4. 油锅烧热，倒入葱白、姜末、蒜末，爆香。

5. 倒入西红柿，炒约1分钟至熟。

6. 加入适量盐、鸡精、白糖。

7. 倒入炒好的鸡蛋翻炒均匀，淋入番茄汁炒匀入味。

8. 用少许淀粉加水勾芡，再淋入香油，翻炒炒匀。

9. 将做好的菜盛入盘内，撒上葱花即可。

蒜薹炒鸡胗

　　蒜薹含有糖类、粗纤维、胡萝卜素、维生素 A、维生素 B_2、维生素 C、钙、磷等营养素，其中粗纤维可预防便秘。蒜薹还含有辣素，其杀菌能力可达到青霉素的十分之一，对病原菌和寄生虫都有良好的杀灭作用，可以起到预防流感、防止伤口感染和驱虫的作用。经常食用蒜薹，可增强人体的免疫力。

📋 材料

蒜薹	100克	味精	1克
鸡胗	80克	老抽	3毫升
葱白	5克	盐	适量
姜片	3克	淀粉	适量
料酒	5毫升	食用油	适量

蒜薹　　　鸡胗　　　葱白　　　姜

📝 小贴士

新鲜鸡胗不可久存，若需长期保存鸡胗，需把鸡胗清洗干净，入沸水煮至将熟，过凉水，控水后装入保鲜袋冷藏。下次食用时，取出即可。

❗ 制作提示

鸡胗一定要用大火快炒；蒜薹不宜炒得太久，否则辣素容易流失。

🎬 做法演示

1. 将洗净的蒜薹切段。

2. 将处理好的鸡胗切成片。

3. 鸡胗加适量盐、味精、淀粉拌匀，腌渍10分钟。

4. 锅中加水烧热，加适量食用油、盐，倒入蒜薹煮沸。

5. 然后倒入鸡胗，煮沸捞出。

6. 油锅烧热，加姜片爆香，倒入鸡胗、料酒、老抽。

7. 倒入蒜薹，加少许清水炒至熟，加适量盐和葱白。

8. 用少许淀粉加水勾芡，用小火炒匀。

9. 盛入盘中即可。

🅰 口味 鲜　　☺ 人群 一般人群　　🍴 功效 开胃消食

荷兰豆炒鸡柳

　　荷兰豆含有丰富的碳水化合物、蛋白质、胡萝卜素和人体必需的氨基酸等营养素，具有和中下气、利小便、解疮毒等功效。荷兰豆还含有丰富的膳食纤维，可以促进肠道蠕动，预防便秘，还有清肠的作用。

材料

荷兰豆	100克	白糖	2克
鸡胸肉	150克	料酒	5毫升
蒜片	3克	盐	适量
红椒丝	5克	蛋清	适量
葱段	5克	淀粉	适量
姜片	3克	食用油	适量
味精	1克		

荷兰豆　　　鸡胸肉　　　葱　　　姜

✎ 小贴士

荷兰豆肉质脆嫩，不易保存。而且市面上的所卖的荷兰豆大多品质不一，选购时要多注意，劣质的荷兰豆颜色不艳丽，色泽很差。

❗ 制作提示

鸡胸肉切条时，刀工要整齐一些，这样炒出来的鸡胸肉味道会更佳。

做法演示

1. 把洗净的荷兰豆切去头尾。

2. 把洗净的鸡胸肉切条。

3. 鸡胸肉加适量盐、料酒、蛋清、淀粉、食用油，腌渍10分钟。

4. 热锅注油，放入鸡胸肉拌匀，滑油片刻后，捞出备用。

5. 锅留底油，倒入姜片、蒜片、红椒丝，翻炒爆香。

6. 倒入荷兰豆，淋入料酒炒匀，倒入鸡胸肉翻炒至熟软。

7. 加适量盐、味精、白糖调味。

8. 中火炒至入味，用少许淀粉加水勾芡，转小火快速炒匀。

9. 出锅装盘即可。

双芽炒鸡胗

　　绿豆芽中含有丰富的纤维素，是便秘患者的健康蔬菜。绿豆芽还能清除血管壁中堆积的胆固醇和脂肪，防止心血管病变。经常食用绿豆芽可清热解毒，利尿除湿，它是日常饮食保健的佳品。

材料

绿豆芽	70 克	味精	2 克
黄豆芽	70 克	鸡精	1 克
鸡胗	150 克	料酒	3 毫升
彩椒丝	20 克	老抽	3 毫升
蒜末	3 克	盐	适量
姜片	3 克	淀粉	适量
葱白	5 克	食用油	适量

绿豆芽

黄豆芽

鸡胗

姜

小贴士

新鲜的鸡胗韧脆适中，口感较好。若是冷冻的鸡胗，制作前要先自然解冻，切记不可直接用热水解冻，这样会使肉质变柴，影响菜品口感。

制作提示

黄豆芽、绿豆芽易熟，要用大火翻炒，且炒的时间不宜过长。

做法演示

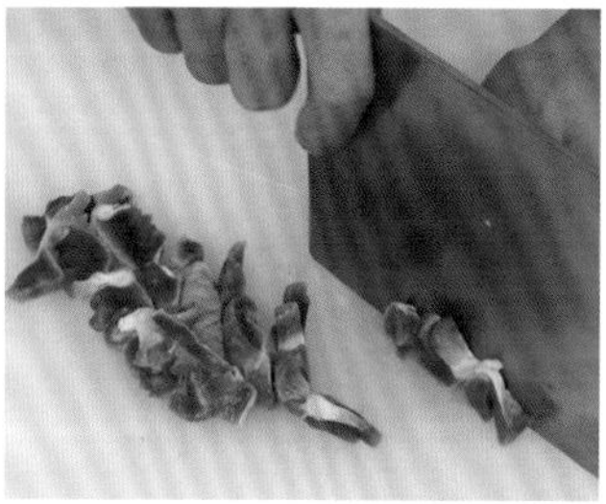
1. 将洗净的鸡胗切片。

2. 鸡胗加适量盐、味精、料酒、淀粉拌匀，腌渍 1 分钟。

3. 锅中加水烧开，加适量盐、食用油、黄豆芽，煮沸后捞出。

4. 再倒入鸡胗拌匀，汆烫片刻后，捞出备用。

5. 热锅注入食用油，倒入彩椒丝、蒜末、姜片、葱白爆香。

6. 再倒入鸡胗，加料酒、老抽炒香，加入黄豆芽略炒匀。

7. 再倒入绿豆芽翻炒均匀，加入适量盐、鸡精翻炒至入味。

8. 用少许淀粉加水勾芡，淋入熟油拌匀。

9. 装入盘中即可。

🗄 口味 清淡　　😊 人群 女性　　🖐 功效 瘦身排毒

玉米炒蛋

　　玉米中含有较多的粗纤维，还含有大量镁，而镁可以加强肠壁蠕动，促进机体废物的排泄。经常食用玉米，对减肥非常有利。玉米中还含有维生素 B_2、异麦芽低聚糖等营养素，这些物质对预防心脏病等疾病有很大的益处。

材料

青豆	50克	葱花	5克
玉米	60克	味精	2克
鸡蛋	4个	鸡精	1克
胡萝卜	70克	盐	适量
火腿粒	50克	食用油	适量

青豆　　　　玉米　　　　鸡蛋　　　　胡萝卜

小贴士

煮玉米时，可以在水开后，往里面加少许盐，再接着煮。这样能强化玉米的口感，吃起来有丝丝甜味。如果想吃到更营养的煮玉米，可以在烧煮时，往水里加一点食用的小苏打粉。

制作提示

倒入蛋液时，应注意火候，若火候过猛会影响蛋的鲜嫩度。

做法演示

1. 胡萝卜去皮，洗净切粒。

2. 鸡蛋打入碗内，加入适量盐、鸡精，用筷子搅拌均匀。

3. 锅中加水烧开，加入适量盐、味精、食用油。

4. 倒入胡萝卜、玉米、青豆煮熟，用漏勺捞出备用。

5. 油锅烧至四成热，倒入火腿粒炸至米黄色，用漏勺捞出。

6. 锅留底油，倒入蛋液拌匀，倒入火腿粒。

7. 再放入胡萝卜、玉米、青豆炒熟。

8. 淋入熟油，撒上葱花炒匀。

9. 盛入盘中即可。

小南瓜炒鸡蛋

　　南瓜富含钴，钴能活跃人体的新陈代谢，促进造血功能，并参与人体内维生素 B_{12} 的合成，是人体胰岛细胞必需的微量元素，对防治糖尿病有较好的效果。糖尿病患者经常食用南瓜，具有很好的辅助食疗作用。

材料

小南瓜	350 克
鸡蛋	2 个
鸡精	3 克
盐	适量
淀粉	适量
食用油	适量

小贴士

搅鸡蛋时要尽量顺着一个方向；在打好的鸡蛋里放入少量清水，待搅拌后放入锅里，鸡蛋会更嫩；注意煎鸡蛋时，要使用小火。

制作提示

小南瓜切丝后很容易熟，所以炒制时要大火快炒，这样可以最大限度地保持南瓜中的水分，口感更加鲜嫩。

做法演示

1. 将洗净的南瓜切成丝。

2. 鸡蛋打入碗中，加入少许盐拌匀。

3. 热锅注入食用油，烧至五成热，倒入蛋液，翻炒片刻。

4. 起锅盛入碗中，备用。

5. 锅中加入少许食用油烧热，倒入南瓜丝翻炒约 1 分钟。

6. 加入适量盐、鸡精拌匀。

7. 倒入鸡蛋翻炒片刻。

8. 用少许淀粉加水勾芡。

9. 翻炒均匀，出锅即可。

韭黄炒鸡丝

　　鸡肉肉质细嫩，滋味鲜美，其含有丰富的蛋白质，而且消化率高，很容易被人体吸收利用。鸡肉含有对人体生长发育有重要作用的磷脂类、矿物质及多种维生素，有增强体力、强壮身体的作用，对营养不良、畏寒怕冷、贫血等症也有良好的食疗作用。

材料

鸡胸肉	250 克	味精	1 克
韭黄	300 克	料酒	3 毫升
水发香菇丝	50 克	盐	适量
红椒丝	10 克	淀粉	适量
蒜末	3 克	食用油	适量

鸡胸肉

韭黄

香菇

红椒

小贴士

做本道菜的时候，淋入少许辣椒油，味道会更鲜美。注意消化不良、肠胃不好者不宜多食韭黄。

制作提示

烹饪韭黄时，应大火快炒，以免韭黄受热太久出水多，影响成菜口感。

做法演示

1. 将韭黄洗净，切段。

2. 鸡胸肉洗净，切丝。

3. 鸡胸肉加适量盐、淀粉、食用油拌匀，腌渍片刻。

4. 锅置大火，注入食用油烧热。

5. 倒入鸡胸肉丝滑油片刻，捞出备用。

6. 锅留底油，倒入红椒丝、香菇丝、蒜末和韭黄翻炒。

7. 倒入滑炒后的鸡胸肉丝翻炒。

8. 加入适量盐、料酒、味精炒匀。

9. 用少许淀粉加水勾芡，盛入盘中即可。

尖椒炒鸭胗

　　鸭胗含有碳水化合物、蛋白质、脂肪、维生素 C、维生素 E 和钙、镁等营养素。其铁元素含量较为丰富，女性可以适当多食用一些。从中医角度讲，鸭胗还有健胃的功效，胃病患者食用鸭胗可以促进消化，增强脾胃功能。

材料

鸭胗	250 克	味精	1 克
青大椒	20 克	蚝油	5 毫升
红尖椒	20 克	盐	适量
姜片	10 克	淀粉	适量
葱段	5 克	香油	适量
料酒	3 毫升	食用油	适量

鸭胗

青尖椒

红尖椒

姜

小贴士

清洗鸭胗时，可以加少许盐搓洗，能帮助除菌，注意要撕掉鸭胗表面的黄膜和白筋，这样处理之后烹饪出来的鸭胗腥味较少，且不油腻。

制作提示

如果能吃辣，炒制时可加入少许辣椒油，可以使成菜口感更鲜香。

做法演示

1. 青尖椒、红尖椒洗净，斜切段。

2. 鸭胗处理干净，切片。

3. 鸭胗加适量盐、料酒、淀粉拌匀，腌渍 10 分钟。

4. 油锅烧热，倒入鸭胗爆香。

5. 油锅烧热，倒入鸭胗爆香。加入姜片、葱段，炒 2~3 分钟。

6. 倒入青尖椒、红尖椒，拌炒至熟。

7. 加适量盐、味精、蚝油调味。

8. 用少许淀粉加水勾芡，淋入少许香油拌匀。

9. 装盘即可。

芹菜炒鸡杂

　　芹菜含铁量较高，是缺铁性贫血患者的佳蔬，对于血管硬化、神经衰弱患者也有一定的辅助食疗作用，可谓是蔬菜中的食疗佳品。芹菜的叶、茎含有挥发性物质，别具芳香，能增强人的食欲；芹菜的汁还有降血糖的作用。

材料

芹菜	120 克	料酒	3 毫升
鸡杂	200 克	蚝油	5 毫升
生姜片	3 克	盐	适量
红椒丝	10 克	淀粉	适量
味精	1 克	食用油	适量

芹菜　　　鸡胗　　　姜　　　红椒

小贴士

鸡杂若要保存，需要先刮洗干净，放入清水锅内煮至将熟，捞出用冷水过凉，控去水分，再用保鲜袋包裹成小包装，放冰箱冷冻室内冷冻保存。

制作提示

鸡杂入锅炒制前，可先放入开水中汆去血水，这样炒出的菜肴色泽更美观。

做法演示

1. 将洗好的芹菜切段。

2. 洗净的鸡杂切块。

3. 鸡杂加入适量盐、料酒、味精拌匀，腌渍 6 分钟。

4. 加热锅注入适量用油烧热，倒入鸡杂，翻炒片刻。

5. 倒入生姜片炒匀。

6. 倒入芹菜，炒上几分钟至熟软。

7. 放入红椒丝拌炒均匀。

8. 加适量盐、蚝油调味，用少许淀粉加水勾芡炒匀。

9. 盛入盘中即可。

口味 清淡　　人群 孕产妇　　功效 开胃消食

韭菜炒鸡蛋

　　韭菜富含蛋白质、脂肪、糖类、钙、磷、铁、维生素 A、维生素 B_1、维生素 C 和食物纤维等营养素，食之能增强食欲，促进消化。尤其适宜夜盲症、眼干燥症、便秘患者和皮肤粗糙者食用。

材料

韭菜	200 克	盐	适量
鸡蛋	2 个	食用油	适量
鸡精	2 克		

韭菜　　　鸡蛋　　　盐　　　食用油

做法

1. 将韭菜洗净，切成约 2 厘米长的段。

2. 鸡蛋打入碗中，加少许盐、鸡精。

3. 用打蛋器朝一个方向将鸡蛋搅匀。

4. 锅内注入食用油烧热，倒入韭菜炒匀。

5. 加入适量盐炒匀调味。

6. 倒入蛋液，和韭菜花拌匀。

7. 翻炒约 1 分钟至熟透，起锅。

8. 盛入盘中即可。

第四章

鲜美水产

水产类食材一直受到人们的喜爱，因为其不仅营养价值高，而且烹饪方法较多。水产类食材可热炒、煎炸、炖煮等，每一种烹饪方法都有其独特的风味。其中以热炒为最家常的做法，本章就透过水产食材的家常做法，来给大家展现一盘盘美味佳肴。

豆豉炒鱼片

　　草鱼含有丰富的不饱和脂肪酸，对血液循环有利，是心血管病患者的良好食物。草鱼还含有丰富的硒元素，经常食用有抗衰老、养颜的功效，而且对肿瘤也有一定的防治作用；对于身体瘦弱、食欲不振的人来说，草鱼肉嫩而不腻，可以开胃、滋补身体。

材料

草鱼肉	200 克	白糖	2 克
油菜	150 克	蚝油	5 毫升
豆豉	5 克	生抽	3 毫升
蒜末	3 克	盐	适量
姜片	3 克	淀粉	适量
菜椒粒	5 克	食用油	适量
味精	1 克		

草鱼　　　油菜　　　豆豉　　　蒜

小贴士

豆豉为我国传统的发酵豆制品，以颗粒完整、乌黑发亮、松软且无霉腐味为佳。豆豉适合一般人群食用，尤其是血栓患者。

制作提示

豆豉不仅是很好的调味料，它还能促进消化，可与鱼肉搭配成一道美味菜肴。

做法演示

1. 将洗净的油菜对半切开。

2. 去骨的草鱼肉切片，加适量盐、淀粉拌匀，腌渍 10 分钟。

3. 沸水锅中加适量食用油、盐，倒入油菜煮熟，捞出。

4. 油锅烧至五成热，倒入草鱼鱼片滑油至熟，捞出备用。

5. 将焯熟的油菜摆在盘中，再叠放上滑炒熟的鱼片。

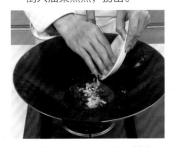

6. 锅留底油，加入豆豉、蒜末、姜片、菜椒粒炒香。

7. 加入蚝油、生抽炒匀，倒入少许清水煮沸。

8. 再加入适量盐、味精、白糖、淀粉调成芡汁。

9. 将芡汁浇在盘中即可。

五彩鱼丝

　　草鱼富含蛋白质、脂肪、钙、磷、铁、维生素 B_1、维生素 B_2、烟酸等，具有祛风、平肝、暖胃、降压、祛痰的功效，是温中补虚的优质食物。它含有的硒元素能延缓人体衰老，多吃草鱼还可预防乳腺癌。

🍴 材料

彩椒丝	60 克	蒜末	3 克
韭菜段	40 克	味精	1 克
胡萝卜	80 克	料酒	3 毫升
黑木耳丝	50 克	盐	适量
草鱼肉	200 克	食用油	适量
水发米粉	30 克	淀粉	适量
姜丝	3 克		

📝 小贴士

韭菜的粗纤维较多，不易被人体消化吸收，所以一次不能吃太多韭菜，否则大量粗纤维刺激肠壁，可能引起腹泻。

⚠ 制作提示

鱼肉在腌渍的时候，还可以加入少许胡椒粉和白酒，这样能更好地去腥提鲜。

🍳 做法演示

1. 将胡萝卜洗净，去皮切丝。

2. 去骨的草鱼肉切丝，加适量盐、淀粉、食用油拌匀，腌渍 10 分钟。

3. 锅中加清水烧热，加入适量食用油和盐烧开。

4. 倒入胡萝卜、黑木耳丝、米粉、彩椒，煮沸捞出。

5. 锅注入食用油烧热，放入鱼肉丝，滑油片刻至断生捞出。

6. 锅留底油，放入蒜末、姜丝爆香。

7. 倒入焯水后的胡萝卜、黑木耳丝、米粉、彩椒炒匀。

8. 倒入草鱼肉丝，加适量盐、味精、料酒，加韭菜段翻炒。

9. 用少许淀粉加水勾芡，淋入熟油炒匀，盛出装盘即可。

口味 辣　　人群 儿童　　功效 开胃消食

韭菜炒小鱼干

　　韭菜富含钙、磷、铁、胡萝卜素、食物纤维、维生素 C 等对人体有益的成分，经常食用韭菜，可以使皮肤细腻。小鱼干香味浓郁，蛋白质含量高，易分解、易消化。二者搭配不仅味美，而且营养丰富。

材料

小鱼干	40 克	味精	2 克
韭菜	300 克	淀粉	适量
姜片	3 克	白糖	3 克
蒜末	3 克	生抽	3 毫升
红椒丝	10 克	料酒	3 毫升
盐	3 克	食用油	适量

小鱼干　　　韭菜　　　姜　　　蒜

小贴士

韭菜是秋季时蔬。将韭菜搭配肉丝一起炒，清香异常。但是韭菜的上市时间较短，约为一个星期，时间一过，韭菜就结籽了，自然不能吃了。

制作提示

韭菜入锅炒制的时间不能太久，否则会影响成品脆嫩的口感。

做法演示

1. 将洗净的韭菜切成约 3 厘米长的段。

2. 热锅注入油，烧至五成熟，倒入小鱼干，炸片刻后捞出。

3. 锅留底油，倒入姜片、蒜末爆香。

4. 放入小鱼干、料酒炒匀，加白糖、生抽炒匀。

5. 倒入韭菜、红椒丝，炒约 1 分钟至熟。

6. 加盐、味精，炒匀调味。

7. 用少许淀粉加水勾芡。

8. 加少许熟油炒匀。

9. 盛出装盘即可。

口味 鲜　　人群 一般人群　　功效 增强免疫力

荷兰豆炒双脆

　　鱿鱼除了富含蛋白质以及人体所需的氨基酸以外，还含有牛磺酸，能促进大脑发育，缓解疲劳，恢复视力，改善肝脏功能。此外，鱿鱼还含有多肽和硒，具有抗病毒、抗辐射的作用。

📋 材料

荷兰豆	100 克	味精	1 克
鸭胗	120 克	白糖	3 克
鱿鱼	200 克	料酒	适量
彩椒片	5 克	盐	适量
红椒片	5 克	淀粉	适量
姜片	3 克	食用油	适量
葱段	3 克		

📝 小贴士

选购荷兰豆时要挑选鲜嫩的，品质高的荷兰豆口感脆嫩，而劣质的荷兰豆老筋较多。可以挑选色泽翠绿，水分充盈的，发白的荷兰豆不要购买。

⚠ 制作提示

荷兰豆用淡盐水清洗干净再炒，可保留其鲜脆的口感。

😋 做法演示

1. 把洗净的荷兰豆切去头尾。

2. 洗净的鸭胗切小块，再打上"十"字刀花。

3. 将洗净的鱿鱼用刀划开，打网格刀花，切成片。

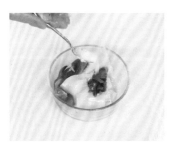

4. 将鸭胗、鱿鱼装入碗中，放入适量盐、味精、料酒、淀粉拌匀，腌渍 10 分钟。

5. 锅中注入清水，放入腌好的鸭胗、鱿鱼，汆至断生，捞出后沥水备用。

6. 用少许食用油起锅，倒入葱段、姜片爆香。

7. 倒入鱿鱼、鸭胗，淋上适量料酒炒匀，放入荷兰豆炒匀。

8. 再倒入彩椒片、红椒片，加适量盐、白糖调味。

9. 用少许淀粉加水勾芡，翻炒均匀，出锅装盘即可。

草菇炒虾仁

　　草菇营养丰富，它的蛋白质含量很高，还具有抑制癌细胞生长的作用，尤其对消化道肿瘤有一定的辅助食疗作用。草菇还有补脾益气、增强免疫力的功效，很适合体弱气虚、易患感冒者食用。

材料

草菇	250 克	味精	1 克
虾仁	120 克	老抽	3 毫升
青椒片	30 克	白糖	2 克
红椒片	30 克	料酒	适量
姜片	3 克	盐	适量
蒜末	3 克	淀粉	适量
葱白	3 克	食用油	适量
鸡精	1 克		

小贴士

草菇分为干品和鲜品。烹饪前，干品用温水发开最好；鲜品则要用淡盐水浸泡。但是无论干品、鲜品，泡发的时间都不宜过长，以免肉质变差。

制作提示

虾仁入锅炸制的时间不宜过久，以免失去鲜嫩的口感。

做法演示

1. 将洗净的虾仁加入盐、料酒、淀粉抓匀，腌渍 10 分钟。

2. 草菇洗净，对半切开。

3. 锅中注水烧热，加入适量盐、料酒、鸡精、老抽，煮沸。

4. 倒入切好的草菇，焯煮约 2 分钟，盛出备用。

5. 另起锅注水烧热，倒入虾仁，余熟后捞出备用。

6. 另起油锅烧热，倒入虾仁，中火炸约 1 分钟至熟，捞出。

7. 锅留底油，倒入蒜末、姜片、葱白、青椒片、红椒片爆香，倒入草菇和虾仁。

8. 再加入适量盐、味精、白糖翻炒入味，用少许淀粉加水勾芡。

9. 淋入少许熟油拌炒均匀，盛入盘内即可。

菠萝炒虾仁

　　菠萝含有大量的果糖、葡萄糖、维生素 A、维生素 C、柠檬酸和蛋白酶等营养素。其所含的大量的蛋白酶和膳食纤维能够帮助人体肠胃消化，而且由于膳食纤维体积较大，吸附性好，能带走肠道内多余的脂肪及其他有害物质，对于预防、缓解便秘症状都有明显的效果。

材料

虾仁	100克	味精	3克
菠萝肉	160克	鸡精	2克
青椒片	15克	料酒	5毫升
红椒片	15克	盐	适量
姜片	3克	淀粉	适量
蒜末	3克	食用油	适量
葱白	5克		

小贴士

鲜菠萝先用盐水泡上一段时间再亨饪，不仅可以减少菠萝蛋白酶对口腔黏膜和嘴唇的刺激，还能使菠萝更加香甜。

制作提示

煮菠萝的时间不可太长，以免糖分流失，影响其鲜甜口感。

做法演示

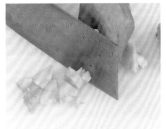

1. 将洗净的菠萝肉切成块。

2. 洗净的虾仁切成两段。

3. 虾仁加适量盐、味精、淀粉、食用油拌匀，腌渍5分钟。

4. 锅中加入清水烧开，放入菠萝块，煮沸后捞出。

5. 倒入虾仁，搅散，变色即捞出，备用。

6. 油锅烧热，倒入姜片、蒜末、葱白爆香，加入青椒、红椒炒香，倒入虾仁炒匀。

7. 淋入适量料酒，倒入切好的菠萝。

8. 加适量盐、鸡精调味，用少许淀粉加水勾芡，加少许熟油炒匀。

9. 盛出装盘即可。

荷兰豆炒鱼片

荷兰豆性平，味甘，具有和中下气、利小便、解疮毒等功效，能益脾和胃、生津止渴、除呃逆、止泻痢、解渴通乳。经常食用荷兰豆，对脾胃虚弱、小腹胀满、呕吐泻痢、产后乳汁不下、烦热口渴等症均有较好的食疗功效。

材料

荷兰豆	100 克	料酒	5 毫升
草鱼肉	200 克	味精	1 克
麦片	3 克	盐	适量
红椒片	5 克	淀粉	适量
葱白	5 克	食用油	适量

荷兰豆

草鱼   姜

红椒

小贴士

荷兰豆肉质脆嫩，不易保存，想要食用美味的荷兰豆，首先应选对季节，夏季食用新鲜的荷兰豆最为适宜，食用后还能清热解暑。

制作提示

鱼片不可和荷兰豆同炒，应先将鱼片过油盛起，然后将荷兰豆炒熟，最后倒入鱼片即成。

做法演示

1. 将洗净的鱼肉剔除腩骨，切成薄片。

2. 鱼片装入碗中，加适量盐、食用油拌匀，腌渍片刻。

3. 加适量食用油和盐放入沸水锅中。

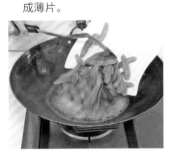

4. 倒入洗净的荷兰豆，焯煮约1 分钟至半熟，捞出。

5. 油锅烧至四成热，倒入鱼片滑油后捞出，用漏勺沥油备用。

6. 锅留底油，倒入红椒片、姜片、葱白爆香，倒入荷兰豆。

7. 淋上料酒，加入适量盐、味精翻炒至入味，加入鱼片。

8. 用少许淀粉加水勾芡，翻炒片刻至熟后，淋上熟油。

9. 盛入盘中即可。

丝瓜木耳炒鲜鱿

丝瓜中含有防止皮肤老化的维生素 B_1、增白皮肤的维生素 C 等营养素，能保护皮肤、消除斑块，使皮肤洁白、细嫩，是不可多得的美容佳品，故丝瓜汁有"美人水"之称。丝瓜独有的干扰素诱生剂，可起到刺激肌体产生干扰素、抵抗病毒的作用。

材料

丝瓜片	100 克	味精	1 克
水发黑木耳	70 克	鸡精	1 克
净鱿鱼	200 克	蚝油	5 毫升
红椒片	10 克	料酒	适量
洋葱片	20 克	盐	适量
姜片	3 克	淀粉	适量
蒜苗段	10 克	食用油	适量

做法演示

1. 将发好的黑木耳洗净切成瓣。

2. 鱿鱼打上麦穗花刀，切成片，鱿鱼须切段。

3. 鱿鱼加适量盐、料酒、味精、淀粉拌匀，腌渍 10 分钟。

4. 锅中注水烧开，加适量盐和食用油。倒入黑木耳，煮沸后捞出。

5. 倒入鱿鱼，煮沸后捞出。

6. 锅中注油烧热，倒入洋葱、红椒、姜片、蒜苗爆香。

7. 倒入鱿鱼，加入适量料酒炒匀，倒入丝瓜翻炒至熟。

8. 加入黑木耳，调入适量盐、蚝油、鸡精炒匀。

9. 用少许淀粉加水勾芡，再淋入熟油炒匀，盛入盘内即可。

玉米笋炒鱿鱼

鱿鱼中含有丰富的钙、磷、牛磺酸、蛋白质、氨基酸、维生素 B_1 等营养素，这些都是维持人体健康所必需的营养成分。食用鱿鱼可降低血液中的胆固醇含量，缓解疲劳，恢复视力，改善肝脏功能，常吃鱿鱼可以改善人体功能。

材料

鱿鱼	300 克	白糖	2 克
玉米笋	100 克	料酒	5 毫升
姜片	3 克	盐	适量
胡萝卜片	50 克	淀粉	适量
葱段	5 克	食用油	适量
味精	1 克		

鱿鱼　　　玉米笋　　　姜　　　胡萝卜

小贴士

购买鱿鱼时，判断其是否新鲜的方法：先按压一下鱼身上的膜，鲜鱿鱼的膜紧实、有弹性；还可扯一下鱼头，鲜鱿鱼的头与身体连接紧密，不易扯断。

制作提示

食用新鲜鱿鱼时一定要去除内脏，因为其内脏中含有大量的胆固醇。

做法演示

1. 将洗净的鱿鱼切"十"字花刀，再改切成块。

2. 鱿鱼加适量盐、料酒、淀粉抓匀，腌渍入味。

3. 洗净的玉米笋对半切开。

4. 锅中倒入清水烧开，放入适量盐。

5. 倒入玉米笋，加少许食用油，焯至熟，捞出备用。

6. 倒入鱿鱼飞煮片刻，捞出，沥干水分。

7. 热锅注入油，加入姜片、胡萝卜片、葱段爆香，加入玉米笋。

8. 放入鱿鱼，加适量盐、味精、白糖，炒匀调味。

9. 用少许淀粉加水勾芡，拌炒均匀，盛出装盘即可。

红腰豆白果炒虾仁

　　白果是营养丰富的高级滋补品，含有粗蛋白、粗脂肪、矿物质、粗纤维、维生素等营养素，经常食用可以滋阴养颜、抗衰老，还可扩张微血管、促进血液循环，使人肌肤和面部红润、精神焕发，是老幼皆宜的保健食品。

📋 材料

红腰豆	100 克	味精	1 克
白果	70 克	白糖	3 克
虾仁	100 克	料酒	3 毫升
红椒	15 克	鸡精	3 克
青椒	15 克	淀粉	适量
姜片	3 克	盐	适量
蒜末	3 克	香油	适量
葱白	5 克	食用油	适量

✏️ 小贴士

白果有微毒，在烹饪前需先经温水浸泡数小时，然后入开水锅中煮熟后再进行烹调，这样可以使有毒物质溶于水中。

⚠️ 制作提示

炒虾仁时，可以滴少许醋，以保证其颜色亮丽。

🖐️ 做法演示

1. 洗净的虾仁切成两段。

2. 虾仁加少许盐、鸡精、淀粉、食用油拌匀，腌渍 5 分钟。

3. 锅中加约 1000 毫升清水烧开，加入适量盐。

4. 倒入洗净的红腰豆，加盖，小火煮 5 分钟，揭盖。

5. 倒入洗净的白果，加盖，煮 5 分钟至熟透，揭盖，将煮好的红腰豆、白果捞出备用。

6. 热锅注入食用油，烧至四成热，倒入虾仁，滑油至转色，捞出即可。

7. 锅留底油，倒入姜片、蒜末、葱白、青椒、红椒爆香。

8. 倒入白果、红腰豆、虾仁，加适量盐、味精、白糖、料酒炒匀。

9. 用少许淀粉加水勾芡，加少许香油炒匀，盛出装盘即可。

虾仁炒冬瓜

　　虾仁富含蛋白质、脂肪、谷氨酸、糖类、维生素以及钙、磷、铁等营养素，具有补肾壮阳、通乳之功效，可治腰痛、腿软、筋骨疼痛、失眠不寐等病症，其含有的微量元素硒还有一定的预防癌症的作用。

材料

冬瓜	500 克	料酒	4 毫升
干虾仁	70 克	蚝油	3 毫升
姜片	3 克	味精	2 克
蒜末	3 克	淀粉	适量
葱白	5 克	食用油	适量
盐	3 克		

冬瓜　　　干虾仁　　　姜　　　蒜

小贴士

挑选冬瓜时要注意，皮较硬、肉质致密、种子已成熟变成黄褐色的冬瓜口感较好。瓜面有点黄的一般都比较老，口感不如新鲜的冬瓜好。

制作提示

干虾仁食用前可先用水煮一下。煮虾仁时，可以在水中放一根肉桂棒，既能去除虾仁的腥味，又不影响虾仁的鲜味。

做法演示

1. 冬瓜去皮洗净，切 1 厘米厚的片，再改切成条。

2. 锅中加清水烧开，倒入冬瓜拌匀。

3. 煮 1 分钟至熟，捞出。

4. 油锅烧热，倒入姜片、蒜末葱白爆香。

5. 放入煮过的干虾仁炒匀，加入料酒炒香。

6. 倒入冬瓜条拌炒均匀。

7. 加入蚝油、盐、味精，快速炒匀调味。

8. 用少许淀粉加水勾芡，拌炒均匀。

9. 盛入盘中即可。

口味 清淡　　人群 女性　　功效 防癌抗癌

鲜马蹄炒虾仁

　　马蹄中含有丰富的淀粉、蛋白质、粗脂肪、钙、铁、B族维生素和维生素C等营养素。此外，马蹄中含有的磷是根茎类蔬菜中比较高的，它能够促进人体生长发育和维持生理功能的需要。经常食用马蹄，有很好的保健效果。

材料

马蹄肉	100 克	葱白	5 克
虾仁	70 克	料酒	4 毫升
青椒片	10 克	味精	1 克
胡萝卜	50 克	盐	适量
蒜末	3 克	淀粉	适量
姜片	3 克	食用油	适量

小贴士

马蹄中含有丰富的磷，它能促进人体生长发育，对牙齿和骨骼的发育有益，同时可调节酸碱平衡，适于儿童食用。

制作提示

煮虾仁时，应控制好时间，时间过久会影响虾仁的鲜嫩度。

做法演示

1. 洗净的马蹄肉切成小块。

2. 胡萝卜洗净，去皮，切成小块，备用。

3. 虾仁背部切开，挑去虾线，切段，加适量盐、味精、淀粉拌匀，腌渍 5 分钟。

4. 锅中加适量清水，大火烧开，加入适量盐和食用油。

5. 倒入马蹄、胡萝卜、青椒煮沸，捞出煮好的材料，备用。

6. 倒入虾仁，拌匀，煮至虾仁呈红色时捞出。

7. 油锅烧热，倒入姜片、蒜末、葱白爆香。

8. 倒入虾仁炒匀，加料酒炒香，倒入马蹄、胡萝卜、青椒拌炒均匀。

9. 加入适量盐，用少许淀粉加小勾芡，炒匀装盘即可。

鲜百合炒鱼丁

　　百合入心经，性微寒，能清心除烦，具有养心安神、润肺止咳的功效，可用于热病后余热未消、神思恍惚、失眠多梦、心情抑郁、喜悲伤欲哭等病症。百合中除含有蛋白质、脂肪、还原糖、淀粉外，还含有钙、磷、铁、B族维生素、维生素C等营养素，对病后虚弱的患者非常有益。

材料

鲜百合	70 克	白糖	2 克
西芹	50 克	料酒	3 毫升
草鱼肉	50 克	盐	适量
胡萝卜丁	50 克	食用油	适量
姜片	3 克	淀粉	适量
葱白	6 克	黄瓜片	适量
味精	1 克	彩椒条	适量

小贴士

草鱼富含不饱和脂肪酸，有利于促进血液循环；草鱼还富含硒元素，常食有抗衰老的功效。

制作提示

百合微苦，所以焯百合的水中可加少许糖，这样能使百合的味道更加清甜。

做法演示

1. 鱼肉洗净去骨，切成薄片，再切成条，然后改切成鱼丁。

2. 洗净的西芹对半切条，再改切成细丁。

3. 鱼丁加入适量盐、味精、淀粉拌匀，腌渍 10 分钟。

4. 锅中加清水烧开，加入少许盐、食用油煮沸。

5. 倒入胡萝卜丁、西芹丁、鲜百合、鱼丁，余水片刻后，用漏勺捞出。

6. 油锅烧热，放入鱼丁，炸片刻，取出沥干油。

7. 锅留底油，倒入姜片、葱白爆香。

8. 加入西芹丁、胡萝卜丁、鲜百合、鱼丁，加入适量盐、白糖，淋入料酒炒匀。

9. 用少许淀粉加水勾芡，淋入熟油拌匀，盛入盘中，以黄瓜片和彩椒条装饰即可。

口味 辣　　人群 一般人群　　功效 益气补血

青椒炒鳝鱼

　　鳝鱼富含脑黄金和卵磷脂，二者均是脑细胞不可缺少的营养物质，食用鳝鱼能够起到补脑健身的作用。鳝鱼还含有大量的蛋白质、脂肪及多种维生素等营养素，适宜身体虚弱、气血不足、营养不良者食用。

净鳝鱼肉	200 克	鸡精	1 克
青椒丝	40 克	料酒	3 毫升
洋葱丝	20 克	蚝油	5 毫升
姜丝	3 克	辣椒油	5 毫升
蒜末	3 克	盐	适量
葱段	5 克	淀粉	适量
味精	2 克	食用油	适量

小贴士

鳝鱼最好现杀现烹。因为死后的鳝鱼体内的组氨酸会转变为有毒物质，人体吸收后，会造成头晕、呕吐、腹泻等症状，所以要食用新鲜的鳝鱼。

制作提示

鳝鱼浸烫到表皮稍有破裂、鳝体微有弯曲时最为适宜，这样烹制好的鳝鱼鲜美脆嫩。

做法演示

1. 锅中注水烧开，放入鳝鱼肉汆烫片刻，取出。

2. 将汆过水的鳝鱼切细丝。

3. 鳝鱼丝加适量盐、味精、料酒、淀粉拌匀，腌渍片刻。

4. 油锅烧热，倒入鳝鱼丝，炸约1分钟后捞出。

5. 锅留底油，倒入洋葱丝、姜丝、蒜末、青椒丝炒香。

6. 倒入鳝鱼丝翻炒均匀。

7. 加适量盐、鸡精、蚝油、辣椒油炒入味。

8. 用少许淀粉加水勾芡，撒入葱段拌匀。

9. 盛入盘内即可。

彩椒墨鱼柳

　　墨鱼中含有胆固醇、钠、蛋白质、锌、硒、烟酸、镁、磷、钾、碘、铜等营养素。墨鱼肉味微咸，性质温和，有补益精气、通调月经、收敛止血、美肤乌发的功效。另外，墨鱼对祛除脸上的黄褐斑和皱纹非常有效。常食墨鱼肉可滋阴养血、益气强筋，对子宫出血、消化道出血、肺结核咯血等症有较好的辅助食疗效果。

材料

彩椒	150 克	料酒	5 毫升
墨鱼	70 克	白糖	2 克
姜片	3 克	盐	适量
蒜末	3 克	淀粉	适量
葱段	5 克	食用油	适量
味精	1 克		

彩椒　　　墨鱼　　　姜　　　蒜

小贴士

优质鲜墨鱼的腹部颜色很均匀；劣质鲜墨鱼的鱼身上有"吊白块"，腹部的颜色不均匀。此外，优质的鲜墨鱼鱼身滑润细腻，劣质的则要粗糙得多。

制作提示

墨鱼块宜切小点再烹饪，这样更容易入味。

做法演示

1. 将彩椒洗净，切条。

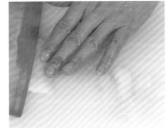

2. 墨鱼处理干净，切条。

3. 将墨鱼条加适量盐、味精、淀粉拌匀，腌渍片刻。

4. 锅内加清水烧开，加入适量盐和食用油。

5. 倒入彩椒条煮约 1 分钟，捞出备用。

6. 再倒入墨鱼，汆烫片刻后，捞出备用。

7. 油锅烧热，放入姜片、蒜末、葱段爆香。

8. 倒入彩椒、墨鱼，加入适量盐、白糖、料酒炒至入味。

9. 用少许淀粉加水勾芡，盛出装盘即可。

干贝炒虾仁

　　虾仁肉质松软，易消化，蛋白质含量相当高。虾仁中还含有丰富的钾、碘、镁、磷等矿物质及维生素 A 等营养元素，具有补肾壮阳、增强免疫力等功效。虾仁尤其适合身体虚弱以及病后需要调养的人食用。

📋 材料

净虾仁	350 克	味精	2 克	
松仁	50 克	料酒	3 毫升	
水发干贝	50 克	淀粉	5 克	
红椒片	30 克	盐	适量	
洋葱片	30 克	食用油	适量	
芹菜叶	20 克	西蓝花	适量	

✏️ 小贴士

松仁较为适合脑力工作者食用。松仁中所含的磷对预防阿尔茨海默病很有帮助，老年人可以常食，但每次不可过量。

❗ 制作提示

将松仁煮熟后再放入热油锅中炸香，口感会更脆。

🍴 做法演示

1. 把洗净的干贝压碎备用。

2. 锅中注入清水，加适量盐和食用油，拌煮至沸。

3. 倒入洗净的西蓝花，焯烫至熟，捞出沥干备用。

4. 热锅注入适量食用油，放入洗净的松仁，炸香后捞出沥干备用。

5. 再放入干贝炸熟，捞出备用。

6. 再放入洗净的芹菜叶，炸至熟透后，捞出备用。

7. 锅留底油，放入洋葱片、红椒片，再倒入净虾仁炒匀。

8. 加适量盐、味精、料酒调味，炒匀，用少许淀粉加水勾芡。

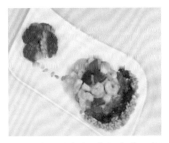

9. 将炒好的虾仁盛入盘中，摆上西蓝花、干贝，再放入芹菜叶，最后撒入松仁即可。

🔺 口味 鲜　　😊 人群 女性　　🍲 功效 益气补血

芹菜炒鱿鱼圈

　　芹菜是常用蔬菜之一，既可热炒，又能凉拌，深受人们喜爱。芹菜还是一种具有很好的药用价值的食物，它含有丰富的铁、锌等营养素，有平肝降压、抗癌防癌、利尿消肿、增进食欲的作用，故多吃芹菜还可以增强人体的抗病能力。

📋 材料

净鱿鱼	150 克	白糖	2 克
芹菜	100 克	蚝油	5 毫升
青椒丝	15 克	盐	适量
红椒丝	15 克	淀粉	适量
味精	2 克	食用油	适量
料酒	3 毫升		

鱿鱼　　　芹菜　　　青椒　　　红椒

✏️ 小贴士

烹饪时，也可根据自己的喜好，选择添加大蒜、洋葱、生姜、柠檬、芥末油等调味料，不仅可以提升菜品的鲜度，还可以有效去除鱿鱼本身的腥味，可谓一举两得。

❗ 制作提示

鱿鱼的表皮特别腥，烹饪之前一定要将其去除掉。

🖐 做法演示

1. 将洗好的芹菜切段。

2. 将鱿鱼处理干净，切圈。

3. 鱿鱼圈加适量盐、味精、料酒、淀粉拌匀，腌渍 10 分钟。

4. 锅置大火上，注食用油烧热，倒入鱿鱼，煮沸后捞出。

5. 油锅烧热，倒入青椒丝、红椒丝、鱿鱼圈、料酒炒匀。

6. 倒入芹菜，炒约 2 分钟至熟。

7. 加入适量盐、白糖和蚝油炒匀调味。

8. 用少许淀粉加水勾芡，炒匀。

9. 盛入盘内即可。

🔺 口味 鲜　　😊 人群 一般人群　　😋 功效 防癌抗癌

荷兰豆炒虾仁

　　虾仁营养丰富，肉质松软，易消化，对身体虚弱以及病后需要调养的人最为适合；虾仁中含有丰富的镁，能很好地保护心血管系统，有利于预防高血压及心肌梗死等症。

🍲 材料

荷兰豆	300 克	鸡精	2 克
虾仁	70 克	味精	1 克
姜片	3 克	淀粉	5 克
蒜片	3 克	料酒	3 毫升
胡萝卜片	适量	盐	适量
葱段	58 克	食用油	适量

荷兰豆　　虾仁　　姜　　胡萝卜

🍴 做法

1. 虾仁背部切开洗净，加适量盐、鸡精、淀粉、食用油拌匀，腌渍 5 分钟。

2. 锅中加水烧开，倒入荷兰豆煮约 1 分钟，捞出备用。

3. 热锅注入油，倒入虾仁，滑油至起红色时捞出。

4. 锅留底油，倒入胡萝卜片、姜片、蒜片、葱段爆香。

5. 倒入荷兰豆、虾仁炒匀。

6. 加适量盐、味精、料酒，炒匀调味。

7. 用少许淀粉加水勾芡，加少许熟油炒匀。

8. 盛出装盘即可。